POSITIVE ENERGY OF FAMOUS STARS

明星正能量

安思明 ○ 著

武汉出版社
WUHAN PUBLISHING HOUSE

（鄂）新登字08号

图书在版编目（CIP）数据

明星正能量 / 安思明著. —武汉：武汉出版社，2013.10
ISBN 978-7-5430-6712-7

Ⅰ.①明… Ⅱ.①安… Ⅲ.①成功心理—通俗读物
Ⅳ.①B848.4-49

中国版本图书馆CIP数据核字（2013）第134488号

明星正能量

著　　者：安思明
责任编辑：张葆珺
特约编辑：李异鸣　杨　肖
封面设计：柏拉图创意机构
出　　版：武汉出版社
社　　址：武汉市江汉区新华路490号　　邮　编：430015
电　　话：(027)85606403　85600625
http://www.whcbs.com　　E-mail:zbs@whcbs.com
印　　刷：三河市南阳印刷有限公司　　经　销：新华书店
开　　本：720mm×1000mm　　1/16
印　　张：16.75　字　数：231千字
版　　次：2013年10月第1版　2013年10月第1次印刷
定　　价：32.80元

版权所有·侵权必究
如有质量问题，由承印厂负责调换。

序 | 生命的转化之道：
那些明星传递给我的正能量

（一）

至少有两到三年的时间，我同时为国内五六本声名显赫的时尚类杂志担任特约撰稿人，尤其是封面明星人物的采写。所以，在那段时间里，毫不夸张地说，我几乎天天与各路明星"泡"在一起，几乎接触到了海峡两岸所有的一线明星：三分之一的时间用于搜集明星们的资料，以列出正确而合适的采访提纲；三分之一的时间在拍摄现场——大多数情况下是在拍摄的影棚、酒店，或者是咖啡厅内进行采访；另外三分之一的时间则是对着电脑整理录音带，以及撰写文字。

如果时间充裕，采访往往安排在现场的拍摄之后，这样可以聊得比较透彻。如果时间紧张，明星们还要急着赶下一个场子，比如参加品牌活动、某个派对，或者是进行下一轮的拍摄，那就只有见缝插针，甚至把明星们化妆的时间充分利用起来。

于是，化妆间变成了采访间。经常是，明亮的镜子前，一堆摊开的化妆用品，明星们一边让造型师摆弄着脸或者头发，一边接受我的提问，跟我聊天。这样的时候，明星们反而往往比较放松，更容易讲出一些内心的真实想法。

经常是，聊着聊着，她/他突然就不说话了，那是因为造型师在给她/他的嘴唇涂抹唇膏。或者是，在我整理录音的时候，会突然听到录音笔内传出一阵"呼呼"的风声，毫无疑问，那一定又是造型师在为明星们吹头发了。

（二）

对我个人而言，那或许是我生命中处于最低谷的时期。但那一长段时间与明星们的接触，令我汲取到许多成长的正能量。

不久前父亲的骤然去世，令我措手不及，惶然无助，每日都沉浸于一种灰色而悲凉的心态中。祸不单行，大哥又无端惹上一场官司。这场官司一打就是两年之久，令我的精神一直处于紧张状态。为帮他打官司，我更是几乎倾尽了自己所有的积蓄。

无论内在外在，我都处在一种极为无力以及窘迫困顿的状态，经历着挣扎与伤痛。压力重重，无可诉说。对生命抱有诸多困惑，对自己未来的生活走向亦感到四顾心茫然。

后来，读美国作家尼尔·唐纳德·沃尔什（Neale Donald Walsh）的《与神对话》一书，他说：我非常清楚地知道，我们所有人都能列出一张名单，名单上的人曾对我们的生活造成诸多极其有意义和极其深远的影响，这些人与我们分享他们的智慧，从而促使我们成长，让我们认识到生活的真相，从而对未来的生活充满希望。

倘若让我列一张对我的生命产生积极意义的人的名单，那它上面的名字一定包括如下诸位：陈坤、伊能静、黄秋生、梁家辉、陈晓东、张静初、李宗翰、袁莉、苏有朋……

与陈坤一起谈论瑜伽与修行，与张静初谈论旅行的意义，听郭晓冬讲述父亲离开后他的内疚，也听李光洁现身说法向我讲述他的痛苦转换之道，甚至是与伊能静一起探讨如何增强自身的生命力……我逐渐感悟到：每个人，包括光环加身的明星们，其实都有自己的困惑，也都经历过生命的黑暗时期，只是他们学会了如何把负面能量转化为成长的正能量。

（三）

与我当时的心境有关，每一次访问我都远离坊间八卦及各路传闻，尽量深入人物的内心，去触碰明星们内心最深层次、最柔软的部分。或者如维吉尼亚·萨提亚（Virginia Satir）所说的那般：我在心里放下了他或她的外在，而尝试去关注他们的内心。

从中，我探究到：成长之道，即是转化之道。

人生不如意事十之八九。生活中，情场之路、职场之路、心灵之路，皆是歧路多多。生如梦幻泡影，须臾即变。如何行进到一条正确的道路上，如何把成长路途中的负能量转化为正能量，如何探究到那最真实不虚的部分，是每个人或迟或早都要面临的选择，也是一门生命的功课。

一直记得李光洁在接受访问时说的一句话：任何事情都看你从哪个角度看，人生就像多棱镜，不同的角度会看到不同的颜色。从这个角度看，是阴霾和晦涩的，转换个角度，也许就看到了明亮的色彩。

萨提亚说：改变是可以发生的，并且需要内在的改变。的确，一念起，万水千山；一念灭，沧海桑田。一念之间，内在能量发生流动转变。那一抹明亮的色彩，就存在于你我的心里，存在于转念之间。

现在，愿那曾经传递给我的正能量，也能传递给你。即便它微茫如星，你也会感知到它存在的光亮。

须知，天际再遥远、再微茫的星，也是一颗明星，如同你我曾历经千山万水的生命。终究，"我们都是宇宙普遍生命力的具体展现"，珍贵如斯。

安思明

目 录

周传雄
[001~004]
享受快乐，享受孤单
- 孤单或快乐，都是现实之一种
- 内心的平和才是人生的大智慧

伊能静
[005~012]
人生无法没有遗憾
- 我相信这个世界是由黑暗组成的，但一定有光在那里
- 人最幸福的地方在于，他有记忆的存在。这也是痛苦的来源
- 我想我是一个很诚实的人，但诚实势必会被指责
- 我是一个很怕失去自我的人

陈 坤
[013~024]
一场幻觉的旅程
- 生命有时是一种幻觉
- 名利这种东西，看上去华美纷繁，有时只是空中楼阁
- 无穷变
- 要让你自己的个体放松。人在放松之后，有什么感觉，都是好的
- 没有全然经历过这个世界上发生的所有事情，你不可能得到一个最明确的答案

孙 俪
[025~032]
幸福依旧
- 人的心境不同，所喜欢的东西亦是不同
- 每个人的成功都要受到祝福，每个人的成功也都有他成功的理由
- 我觉得是丢失了一种简单的美好，现在的快乐跟过去的快乐也不一样了
- 人需要有信仰，这会给你的精神带来一种寄托感，而束缚则是爱的天敌

吴彦祖
[033~042]

我是一个懂得放自己一马的人
- 我对娱乐圈从未有过幻想
- 我要向父母证明娱乐圈不是一个party，它其实是可以实现理想的地方
- 我一直希望成为艺术家
- 生活对于我，没有任何框框，只有接纳，人才会放松

陈晓东
[043~052]

沉默后复活
- 调整自己，让自己随时放松
- 不要被不必要的事情打扰
- 懂我的人自然懂，不懂我的人关我啥事

邓 超
[053~060]

最好的时光
- 不再抱怨，你要做的只是坚持你自己，以及坚持到你所能坚持的程度
- 享受生活可以往后放一下，特别是男人，应该有闯劲儿

段奕宏
[061~066]

生活是一场华丽的冒险
- 伊宁：梦开始的地方
- 坚持：是一种信仰
- 磨难：成功的必经之路
- 生活：一个人的冒险

范冰冰
[067~072]

追寻生命的无限可能
- 漂亮的演员一样会演戏
- 一个人的江湖闯荡
- 每个人都需要找到自己的位置

郭富城
[073~080]

一切可以重新来过
- 只是我很对不住父亲

- 自己喜欢的人和事我会好好珍惜
- 我渴望成为真正的演员
- 我并不局限自己以何种形式出现

何润东
[081~088]

我为TAG狂
- 我不要看到自己的一生在平淡中度过
- 在成长中学习如何不去成长
- 坚毅、果敢、敢于挑战和自信

黄海波
[089~094]

人人都想成为大人物
- 我最喜欢的就是那种普通人通过自己的奋斗和努力，成为成功人士的感觉
- 有太多的演员，就像一小簇燃烧的火花，瞬间就消失了，我不希望自己如此
- 快乐是一种选择，有时不妨往后退却一步

黄秋生
[095~102]

一个人的放逐
- 文身的图案并不重要，重要的是对你是否有意义
- 我从来没想过我要放弃。莎士比亚说，To be or not to be, that is a question. 我永远要to be 下去
- 拿到奖如何？拿不到又如何？不要以为你今天很红，明天就继续会红下去，一直红到90岁。所有的东西都不是永恒

黄晓明
[103~110]

成就自己
- 我基本都是抱着自杀的心态去演戏
- 人总是这样，过平淡生活的时候，总想超越这种平淡生活。当生活得太喧嚣热闹时，又怀念那种生活的安静

姜宏波
[111~114]

淡定是一种恒久力量
- 教练天天骂我，说你是打球呢，还是跳舞呢

- 不管对手是强还是弱，你都要表现出你的风格来

李宗翰
[115~122]

一个人的红与黑/每个人心里都有一个于连
- "人心是需要打动的，而话剧，也许是一种拯救之道吧！"
- "人生不死，就永远会有希望。"
- "我渴望被爱，为了爱可以放弃一切……"

梁家辉
[123~130]

渐臻圆融之境
- 他的面孔，他的角色
- 即使早已收放自如，也仍会紧张
- 现世里积极地活

林俊杰
[131~138]

冒险的旅程
- 终于找回了真实的自己
- 随波逐流的东西，是永远不会跳出来的
- 人生是那么精彩

刘嘉玲
[139~144]

美人如玉，历久弥珍
- 想等一个让我再有冲动去演的角色
- 结婚只是一个仪式，但我一定会做
- 他送给我最值得纪念的不是一件东西，而是一种理念

刘 烨
[145~152]

寻找梦想的天堂口/寻找爱情的天堂口
- 即便失败了，也可以重新来过
- 我开始学会了尝试去理解和宽容
- 寻找新的爱情当然需要勇气，更需要一种力量

刘亦菲
[153~160]

堕入凡间的精灵／"轻熟女"的蜕变
- 是不是大银幕并不重要，是不是好莱坞更不重要
- 我做好我自己就好了

柳云龙
[161~166]

自闭的人最容易成功
- "角色之外的我与角色无关。"
- "我比常人更加脆弱,更加敏感。"
- "自闭的人往往是最容易成功的。"

吕思清
[167~170]

对音乐与生活都要投入热情
- "我是古典音乐的信仰者,也是传承者与传播者。"
- 好的东西需要融合在一起

张 亮
[171~174]

生活不是一场秀
- 不会让奢侈品牌束缚自己
- 追寻生活中的踏实与平和

苏有朋
[175~182]

享受独角戏
- 在舞台上演出对我来说是一种工作
- 一个人也蛮享受

孙燕姿
[183~192]

追寻简单的快乐
- 什么都无所谓的状态很可惜
- 有了自信和智慧,美丽才会更持久
- 尝试从每一件小事中获得乐趣

佟大为
[193~202]

我有我作为
- 电影是艺术品
- 我对母亲的爱更多的是崇拜
- 只有更严格地要求自己

王学兵
[203~210]

一个人的江湖
- "在戏剧艺术创作中,只有小演员,没有小角色。"
- "回头再看这些零碎的成长片断,一日为兄弟,便是终生有情义。"

- "如果忘记一切，人生还有何意义？"

辛柏青
[211~216]

每个人的选择
- 只有在舞台上，你才是一个真正的统治者和中心
- 每个人的走红，都有他的道理和过人之处

袁　莉
[217~224]

与其逆流而上，不如顺势而为
- 远方有更本真的地方在等待着我们
- 我可不要做什么中流砥柱
- 即便是随波逐流，也要弄清楚自己

张静初
[225~232]

选择真我
- 人真正难的是超越自己
- 爱情是自私的，而在爱里面，一定会有一个人比另一个人更执着
- 拿生命去冒险是毫无意义的

张曼玉
[233~240]

美丽新生
- 我珍惜东西的方式可能与别人不一样
- 想爱的人就去爱，但遇不到不会勉强
- 换种姿态善待生活、善待自己，也换种角度关爱他人

张卫健
[241~250]

活得清醒
- 伤痛不会令他止步，反而刺激他阔步向前
- 不放弃自己
- 把朋友看成是有血缘关系的兄弟

张　译
[251~256]

继续前行
- 生活与戏剧
- 希望与梦想
- 部队生活
- 猫与女人

周传雄
享受快乐，享受孤单

从默默无闻的偶像歌手小刚到众人追捧的情歌教父周传雄，他经历过人生的跌宕起伏。如何追寻自己人生的快乐？他其实曾和我们一样有过相同的疑惑。而他最终发现，多数时候，快乐就是以简单、平凡的方式生活，并且与孤单共处。

孤单或快乐，都是现实之一种

褪去深沉厚重的西装外套，造型大师郑建国使用棉、麻布料的服装，绘出周传雄的崭新形象。柔软的线条、素雅的色系透出清爽的质感，蓝色的中国绘衬衫也是他首次尝试。发型更从灰发染回到贴近本质的深黑色，而眼镜也从染色镜片回归透明，整个人自沉重的形影透出淡淡的色彩来。

他的新专辑封面拍摄地点位于中山北路上的设计工作室，干净利落的空间与初上新绿的树丛围绕成村上春树的小说场景，拍照时正好下起大雨，更添一份诗意，以及"遇水则发"的好兆头，摄影名师胡世山透过镜头抓住周传雄的人文气质，让浅浅的微笑挥去墨镜下的深沉忧郁。

从走红于18岁的青涩年纪开始，周传雄的演唱实力就是他在流行歌坛的一大卖点，他干净中略带沧桑的特殊嗓音，一直让自己的声音在情歌表现上，有着不同于其他歌手的穿透力。他同时也是台湾乐坛的一线音乐人，他的音乐创作源源不绝，优游于商业与创作理念之间，如鱼得水地穿梭往来。

而他的这张专辑《蓝色土耳其》，与以往的风格相比，少了一些伤感的情怀，多了一份边走边唱的洒脱，给人以明亮大气的感觉，让人内心多了一些温暖。音乐上的日渐明亮，似乎也暗示了周传雄内心的变化或者说成长。"我觉得是跳脱了以往的沉重，经历了很多，感情上也稳定了，就不会有撕扯啊，动摇啊什么的，无形中就多了一些明亮的心情吧。"他如是说。

温柔的男声，令人心碎到无法遗忘；而从小刚到周传雄，从民间暗火到有华人的地方，更是都听得到他的声音；从"哈萨雅琪"到"黄昏"，从"我的心太乱"到"男人海洋"；从痛不欲生的悲伤，到此番坦然面对的潇洒；或许悲伤是他的代名词，但我们看到的是，他的音乐，是成熟的，在里面是永远找不到浮躁的，他的音乐，只能是真正成熟的人才能听懂的,才能与他一起在音乐中回味的。

关于独自旅行,他还曾如是吟唱:"有太多往事就别喝下太少酒精/太珍惜生命就别随便掏心/舍不得看破就别张开眼睛/想开心就要舍得伤心/有太多行李就别单独旅行/不能够离开就不要接近/舍不得结束就别开始一段感情/想忘记就要一切归零……"

于他,孤单,似乎是一个人的特点,是本我的真正存在。而孤单抑或快乐,都是人生现实之一种。

内心的平和才是人生的大智慧

从当年的小刚到现在的周传雄,从刚出道时的校园歌手、偶像歌手,到现在的金牌情歌教父和音乐制作人,在这两个全然不同的人生阶段里,周传雄坦言,自己最大的改变是对音乐的感悟,此前他只是知道喜欢唱歌,并没有什么一定之规,现在来说,经过制作人这个阶段,更知道适合怎样的风格和路线。

而对于坊间给予他"情歌教父"的美誉,周传雄表现得态度淡然,"我其实是不敢当了,"他微微笑,"很多歌手也有比较令人感动的情歌,可能是我的歌更迎合了歌迷的内心,所以大家才这么叫的吧。其实,我个人认为我就是个音乐爱好者和工作者,用心做好自己的事情就好了。"

其实,内心的成长于他更为重要。在音乐的路上他一路跋涉,也有过许多艰难的时刻,最艰难的就是转型期。那时候歌手做不下去了,公司倒闭,只能靠写一些歌去卖,生活的困难与潦倒彷徨,只有当局者自知。他一度寄居在姐姐家里,情绪也是几乎近于崩溃。而他说自己之所以能坚持下来,还是因为喜欢。有一天他走在台北的忠孝东路大街上,发现《黄昏》这首歌有很多盗版,当时很高兴,因为这些盗版证明这首歌很红,这也令他有了坚持下去的勇气。

谈及自己最喜欢的一首歌,他不假思索,脱口而出:"那应该是《快乐练习曲》吧。"

"关掉电视新闻的纷扰,你有没有想到过你上次的开怀大笑是何时?现代人的辛苦,追逐着物质,追不到真正的'快乐'。停下来喝口水,你要的快乐是什么?而现在,你快乐吗?你觉得在什么时候最快乐?什么时候很烦?什么时候很闷?如果工作顺利、爱情得意,那就够快乐了吗?还是时常觉得仍然不够?又要如何才能学会'真的'快乐呢?"他说出一连串的问题,问我,似乎又是问他自己。

在《快乐练习曲》的MV里,金色的阳光在扶疏的枝叶下闪耀,穿过白色的落地窗,气派的大厅中挂着闪闪的水晶灯,盛装出席的男女拿着手中的红酒杯谈笑风生,周传雄坐在地炉边弹奏着钢琴,一场优雅的法式派对就此展开。看似欢乐的朋友聚会,其实每个人私下都有着不为人知的忧虑。"但是你知道吗?MV拍摄结束宴会陷入混乱,演员们在剧情张力下互相丢掷桌上的食物,他们内心底层的压抑倾泻而出,让我再次感受到大家这种在人群中的不快乐!"

如何算是快乐的真谛,周传雄给出了他的答案:"快乐其实是一种态度,在不愉快的状况里练习面对。而一个人,既要学会练习享受快乐,也要学会享受孤单。"

所以在工作不忙的时候他会一个人闷在家里通宵达旦地看碟子,或者外出去各地旅行,用一种放松的心态,去看看世界上各种美景,感受不同的人生况味。

他不否认自己仍会伤感,感觉人生的缺憾,"但是,这也是人生的一部分吧。毕竟,没有遗憾的人生也是一种遗憾。我在有了这些情绪的时候就会觉得,重新来过的话我还是会那么选择,因为当时就是那样的心态,所以按照自己内心的意愿去生活就好,没有遗憾不遗憾之说。"

而如何又算是人生的大智慧?"大智慧的人应该是把得失看得很淡吧,内心平和最重要。"

伊能静
人生无法没有遗憾

"这个世界是一个很浅的碟子,人们会选择用最浅薄的方式去解读。因为这会让他们觉得很有趣。"婚姻风波之后的伊能静,首度接受媒体的访问。"我几乎不会被媒体波动到什么,因为有一个更强悍的自己在我体内。这个世界是由黑暗组成的,但一定有光在那里。" "我有爱我的家人和朋友,我走过很多路途,我依然是被being blessed。我认为我这样的人一定是被祝福的。"

我相信这个世界是由黑暗组成的，但一定有光在那里

"演员是最荒谬的。"伊能静笑，"西方的一个哲学家在他的书里说，因为在一个演员的身体里存在着很多灵魂。"她开玩笑，"你想想，有的人连一个灵魂都搞不定，我却要搞定那么多灵魂。"

"ridiculous这个单词在英文中包括了快乐和悲伤的意思。那种欢乐，仿佛是小丑带来的欢乐，观众会笑：好滑稽啊！"

某年5月，伊能静在台北成立了一家名为"同盟时代"的电影工作室。

"在我的脑子里有很多故事需要去完成，而且我觉得时机也成熟，也该做些自己喜欢的事情。"

16岁进入娱乐圈，现在她想从一个镁光灯下聚焦的表演者退至幕后。当然并非是全然的隐退，而是再去创造些什么。"相对而言，纯粹的表演者还是比较被动的。"她轻轻喟叹。

音乐、美术设计、城市感的画面……她总是试图把这些艺术元素糅合拼装在一起，成为自己的东西。

而演员，只是这些偌大背景下的局部。伊能静决不会满足于此。"我希望由自己去拼贴一件作品。"只是，这些拼贴，看似简单，实际却是充满无尽烦琐。"但这至少让我明白，你要完成你的梦想，首先要经历磨炼，跨越现实。加之，当你想象作品的已然完成，这个过程便会变得微不足道。当然，如果没有意志力的话，我也不会走到今天。"

这正如她否认自己的多愁善感。"我善感，然而不多愁，应该是乐观善感。"她难得地大笑，"在这样的行业里，我如果是一个不够强悍的人，或是极度悲观的人，没法以一个真我的姿态行走到现在的位置。"

这个强悍，更关乎内心。"让我去应酬或者做其他什么，我还是没兴趣啊。我不会为了钱而去勉强我自己。大家所认为的那些名利场上的东西，对我来说其实是最不重要的。"

"一个人如果认为世界全然是由光明组成的,那么当他看到一点黑暗,就会倒下去;我恰恰相反,因为我相信这个世界是由黑暗组成的,但一定有光在那里。"既然黑暗在那里,就让它安静地存在好了。"我没有达到不会受那些黑暗伤害的境地,但它不会阻止我成为我自己。"

之所以愿意在娱乐圈行走这么多年,伊能静给出的答案是工作得还算有趣。"用最浅薄的平台,去解读最深刻的问题。这的确是一个有趣的事情。"

坦然的心态,也许来自于她的信仰。超越一切,才能完成我自己。

"我认为我已经拥有了非常好的作品。"当被问及对自己的未来打算时,她叹了一口气,"比如侯孝贤导演的《好男好女》,比如说彼得·格林纳威的《八又二分之一女人》,比如说电视剧的《人间四月天》,舞台剧的《周璇》……"

在唱片方面,伊能静也创造了自己的奇迹。出道以来,几乎每张唱片都很畅销。

"我实在不知道自己还想创造什么,我已经不用那么用力地去思考做这件事情,终于走到了现在的这段路途上。"

"这不是一件好事吗?"她反问,"创造成为生活里的一个部分。每天起床,你的感受力都是你的创造。"

伊能静说自己最欣赏的演员是英国艺人安东尼·霍普金斯,因其在影片《沉默的羔羊》中有惊人的表演。"他是一个生活中很自律的演员,"伊能静评价说,"英国演员似乎都是如此,笃信莎士比亚。他见过一句话说,自己听音乐,感受生活,感受一杯茶的温度……都是因为有一天我会把这些能量在表演中释放出来。所以现在我只要感受就好。只要作品合适,那个能量就一定会被释放。"

人最幸福的地方在于,他有记忆的存在。这也是痛苦的来源

她自认为比其他演员幸运的是,自己可以写作。"写作也是能量的释放。"

《生死遗言》《生生世世》《爱的练习本》，初始是宏大的命题，反倒是后面的书写，带有了人间的烟火气息。

"在情感上我是一个非常晚熟的人，"她自言，"《生死遗言》的写作源于受到体内新生命的撞击，小时候我是一个不会跟父母说爱的小孩子，跟父母分得很开。"她沉默。"我不太会表达爱这件事。同时又急于渴望去表达爱，当我写《生死遗言》时，我想表达的是有生之年没有遗憾的语言。书名可怕，但情绪是乐观的。我要把我想说的话说出来，而不是带着遗憾离开。"

伊能静说，自己人生中最大的遗憾就是在父亲去世的时候，那时她刚刚满16岁，她没有来得及跟父亲说几句话，哪怕是"你是我爸，我是你女儿"这样平淡无奇的话也不曾讲过。"最基本的话语我们都没有说到。"

父亲的死亡，她亲眼见到了。彼时他出了车祸，家中只有伊能静一人，只有她去认尸。死亡来得太直接，太具体。后来有一段相当长的时间，她被这种情绪激荡着，无法平静自己。

所以她要把自己生命中所爱的人全部记录下来。"不管在未来，这种爱还会不会持续下去，但是必须记录下来。"

当回望生命的过往，她不想只发出空空的感叹，而没有那时候的细节，比如温度，比如味道，比如光线的阴晴明暗，比如声音的高低流转……"人最幸福的地方在于，他有记忆的存在。"语毕，她又辩证地补充道，"这也是痛苦的来源。"

"当时，很多人以为我这部书是献给某某人的，我的幸福在被我炫耀。其实我一直在强调，这本书不是写给任何人，而是写给曾经对生命很没有安全感的我自己。"

"但是对我来讲，我已经过了那个被曲解时会痛苦的阶段。"

我想我是一个很诚实的人，但诚实势必会被指责

"就算是爱情，也不会让你失去自己？"

"慢慢我发现是这样的。"她语速缓慢，然而坚定。"我刚刚看完凯特·温丝莱特和莱昂纳多主演的一部电影《真爱旅程》，你知道，它讲述的是一个女人在婚姻里极度渴望自由的故事。在电影里，她后来死掉了。"她有些惘然。

而在电影《时时刻刻》里，她同样看到三个女人在不同的自我状态里挣扎。"如果你天生即被上帝赋予某一种使命，明白自我价值的存在意义，即便像特雷莎修女那样。你以为你可以，终究却发现自己其实是不能的。只有当你经历一段世俗的程序，你才会真正发现，那个自我其实不能被淹没。"

只有先找到自我，才会保持自我。而这个寻找的过程，必然要经历一段世俗的人生道路。就像电视剧《画魂》里，潘赞化对潘玉良说：我好不容易把你从那种地方赎出来，说服了我的原配，给了你社会地位，而你为什么为了绘画这个爱好要舍掉这一切？

"我相信潘玉良不经由被赎出，不经由婚姻的束缚与框框，她也不会发现内心的自我。"她的音调再次黯然，"当然，我觉得这里边，潘赞化一定也会受到……"她再次停顿下来，半晌，终于将那个词吐出，"伤害……"内心似有隐隐的不忍。

毋庸置疑，此番谈话伊能静将自己自比潘玉良，将潘赞化暗指哈林，隐约道出她对自己曾经婚姻的态度。曾经的金童玉女，而今已是劳燕分飞。对于当事者的心情，岂是言语所能描摹？

"当我们看这些故事，才发现人原来是不能被另一个人满足的。"一句平淡的话里，包含了无尽难以言说的唏嘘。

她不讳言自己的分裂。就如她钟爱的作家赫拉巴尔和他的《过于喧嚣的孤独》这本书。伊能静看到这本书，是在台北24小时不打烊的诚品书店。白色的封皮，轻软的纸张。她兴奋到几乎要骂人，"怎么会有这么棒的书名"！

"我这样的人,在任何公共场合,不管是三次戛纳影展,还是其他的任何颁奖典礼,我的心总是很安静的。因为那些影响不到我。内心里面,我一点都不care这些东西。今天轮到是你,明天会换作别人,一切都会过去。"

但是,当晚上一个人静静地看书,她的脑子却急速运转,如同千军万马走过。那是处在一种过于喧嚣的孤独状态。

"当我去KTV,我渴望用跳舞啊、蹦迪啊、唱歌啊,来宣泄我自己。实际上,我越在人群里,越是孤独的。而当回到家里,自己的内心才是最强大的。"

"当还剩一个人的时候,你能逃到哪里去?"她问自己。

"爱别人爱自己,对我来说永远是一个问题。爱能那么自私吗?当不可以继续进行的时候,当我觉得不能够负担这一切的时候,还要勉强下去吗?"选择我还是选择我们,都会是一种伤害。"我毕竟也是在传统价值观下长大的,而且我一定也是在对这种传统价值观非常向往的时候,才会在事业如日中天的时候,毅然选择婚姻,退出娱乐圈两年,拥有家庭和孩子。如果我是一个如外界所形容的那样热衷于名利的人,我不会作出那样的选择。因为那个时候我更年轻,而他的事业在那时远没有我成功。但是太多的事情不需要去讲,去解释。"她笑,"如果我要找一个有钱的男人还是很容易的,但那不是我啊!以前也会有人跟我讲,如果你跟我在一起,你就会变成富婆。问题是我自己就是一个富翁啊!为什么需要别人呢?而且,我对富的标准也不是那么高。"

人生的命题有时宏大,大到人都无法看清自己的价值。"我在走着自己的人生,走在自己的人生跑道上,信仰着爱和自我。但是传统价值的路途,终究不适合我。那怎么办?我想我是一个很诚实的人,但诚实势必会被指责。"

"但是我真的很抱歉,我就是这样子的,我真的没办法。除非我人活着,精神死掉了。对我来说,我永远记得我们第一次见面的样子。他是那么美好,那种美好,不会随时光的流逝而褪色。"

我是一个很怕失去自我的人

现在的伊能静,依旧爱梅子酒,爱伏特加,在不拍戏的时候,也依然可以跟朋友去疯玩,喝到烂醉。

而接受此番访问时,伊能静刚刚结束了她的日本北海道之旅。

"我就是想去一个一望无际的地方。"伊能静絮絮地说,这也许与她惆怅的心情有关。之前甚至有朋友邀她一道去南极,但是时间太紧,只有作罢。

"站在雪地,不!简直是雪海里!你的整个人都是空的,就像《红楼梦》里所说的那样,落了片白茫茫大地真干净。我想那一刻我可以感悟到贾宝玉遁离家门,看破红尘、万念俱灰时的感受。"她神色凝重,犹如沉浸在自己的情绪里。

"在北海道时的天气很好,"伊能静说,"甚至可以看到阳光在雪地上的折射光。"白天里去滑雪,那是她从小即喜欢的极速运动。在蜿蜒高耸的雪道上滑行,那种速度感包含了某种惊惧和由此带来的兴奋。

"我不介意摔跤或者跌倒,那都不算什么。"她轻轻闭上眼睛,由造型师帮她涂上一层浓浓的眼影。"我不像我的外表所显示的那般纤弱或者娇小,会给人带来某些错觉。"

"最近,我的确在把更多的时间花在生活上面。"她稍稍往椅背上一靠,以便让自己更舒服些。"尤其是旅行归来后,我在重新审视我的生活状态。"

"我现在正处在很矛盾的阶段,"她如实坦承,语调似乎有些无助,"3月底我会去纽约。我最好的一个同学,嫁给了一个法国男人,现在也在纽约居住。"她稍作停顿,似在凝神思考,"对我来说,困难的不是那些来自现实的琐碎,而是你对自由生活的向往。工作,渴望行走,可以完整地照顾小王子……我可以完成这些,只不过是以一种自己比较累的方式。"

"其实媒体并不知道,而且我一般也没有和媒体探讨过这些。事实上,每一个重大的节日,圣诞节、元旦、旧历年、情人节……我都是和小王子一起度过的。"

刚刚过去的情人节里,伊能静和小王子以及自己最好的女朋友,去了台湾的淡水河边。三人吃路边摊,烤鱿鱼,烤香肠,喝珍珠奶茶。去海边玩打弹珠、射水球和捞金鱼的游戏。去海岸边的小木屋喝咖啡,吃比萨。将近凌晨时分,又去北头洗天然温泉。"我觉得幸福感很浓郁……"

无怪伊能静说,"与那些名利相比,我更喜欢给小王子穿裤子时,他用胳膊环抱着我的脖子的感觉。"那种美好,好过行业里的种种美好。

新生命的出现,更令伊能静体味到生命的完整。"他让我不怕死,我除了遗憾没有把他照顾大,以前惧怕死亡是因为有很多事情来不及做。而现在自己想做的事情都在实现。"

"他(小王子)正在学习爱,爱只有源源不断地释放出来,他才会感受到,同时表达给你。"

从小王子的身上,伊能静看到了一个一模一样的自己。"只不过,他在爱上不会衰竭,他父亲的家族很庞大,他母亲的家族也很庞大,每个人都很爱他。"

而不断去旅行,是否意味着内心缺乏认同感?

问题抛出去,伊能静微微点头:"安全感的缺失,每个人寻找的方式不同。有的人从爱情里寻找,有的人从亲情里寻找,有的人从事业成就感中寻找,有的人从物质中寻找……我相信我是缺乏安全感的,我以前以为是爱情令我缺少安全感,现在想来其实是我自己。我是一个很怕失去自我的人。"

她的眼睛扫过眼前纷扰的人群:她的助理、服装师、摄影师、珠宝品牌提供者,甚至慕名而来的粉丝。"我很怕自己会被很多事情淹没,比如被这个行业淹没,你知道这个看上去光鲜的行业太容易淹没人了。也怕被自己的某一种欲望淹没,甚至被爱情淹没……现在唯一不害怕的是被亲情淹没。"她淡然一笑,"其余的,我真的感到害怕。"

陈 坤
一场幻觉的旅程

谁说男人不可以风情与倾城？比如张国荣，比如李俊基，再比如，陈坤。

在《像雾像雨又像风》里，他歪戴着布帽，穿着黄绿色背带裤，双手惯于插进裤兜里，那笑容，有着隐然的邪气，却美得让人痴迷。

而在《金粉世家》中，他又多以白色西服出场，依然双手插兜，眉毛向上高挑。内心的傲慢无可言喻。同样的花样风情与桀骜不驯，只是他化身为翩翩贵公子。

他的魅力似乎与生俱来，如流云火焰，清影徘徊。他继续着自己的音乐梦想，推出新唱片，而《理发师》《云水谣》《门》《画皮》的先后上映，令他的身影也终于在电影的路上越走越远。

他是理所当然的超级偶像和当红明星，然而，所有八卦娱乐版的绯闻却与他绝缘。他保持着神秘的低调，沉浸在自己的世界里。

他的不自信一度曾是他自己最大的困扰，但是他不曾想过停止和放弃。

那些流言蜚语，伴随他出道至今。人们对他的种种评判也曾令他不胜其烦。现在他却学会了释怀："我正在到达自己的内心，可是没有谁能真正看到。"

生命有时是一种幻觉

当我进入，他已经坐在房间的沙发上，和身边的助理细碎谈话。声音抑扬顿挫，语调颇为轻柔。

冬天难得的明亮阳光。近窗的几案上，一只透明的玻璃鱼缸，三五尾金鱼，游来游去。

半响，他的目光注视着窗外。这是我喜爱的天气。他由衷地赞叹。明亮双眸，如山溪间潺潺流水。那样的清澈，却是容纳了云霞天光，也容纳了曾经的阴霾。眉骨高高，鼻梁挺拔秀颀，当他微笑，略带一丝温柔，没有了传闻中的腼腆，多的是怡然的自在。如果可以选择，更多的时候，他宁愿一个人独处，望着天空发呆。也许是看天际飘摇的风筝，也许是看飞过流云的孤雁，也许只是为了看看辽阔的天空。在内心深处，他有时还是那个孤单敏感的小孩。

此刻，他着Dior Homme的白色休闲球鞋，藏蓝色Starnik牛仔裤，黑色开领毛衫，颈间则挂着一串银链子。我称赞他的搭配简洁而时尚。他笑，颇有些自得。

那样的自得当然是节制的。他不允许自己有丝毫的张扬。谦和、低调，这是人们对他的共同评价。

他的声音听起来有些许喑哑。"最近忙于《云水谣》和《门》的宣传，是否感觉疲惫？"他摇头："没有那么夸张，只是昨晚没有睡好。""我一直在观察你。"他转换话题。我奇怪地笑："为什么？""看看我们之间的气场是否可以融合。"他极认真地回答，"只有气场相投，我们才会有好的交流。而观察一个人，最简单的莫过于注视他的眼睛。有些人的目光会躲闪，有些人的目光则会游离，只有真诚的人，才会目光相对。"

只是不知他是否知道，他黑白分明的眼睛，也会好像两轮巨大的疯狂旋转的漩涡，一不小心，会将人吞没窒息其中。美丽意味着诱惑和危险，如同炽烈开放的罂粟。

"人从出生伊始便在扮演一个巨大的角色，虽然没有剧本，——但是你知道自己在塑造一个最真实的角色。这个角色，最初是父母给予的，之后便是你自己给予自己的……从生到死，你经历了无数的事情，对我来说，所演的每一个角色都只是每天可能发生的故事，它对我会有一定的影响，但不会根本改观我的人生。"

《国歌》《巴尔扎克和小裁缝》《非你不可》《争霸传奇》……及至《云水谣》《门》《画皮》，30年代的英俊小生、山林深处的纯朴少年、纵横驰骋的大侠贤臣……角色如走马灯似的转换，每一个角色是否会叠加堆积在陈坤的心里？

他双手交叉，十指相扣，身体微微前倾，认真思忖，小心措辞："演戏是使用你生活以及经验中的积累，是一种释放；而于我，由于长时间的演戏，它已成为积累生活、积累经验的一部分。每一个角色都变成了我的生活。"

人戏不分？不成疯魔不成活？陈坤笑："人从出生伊始便在扮演一个巨大的角色，虽然没有剧本，——但是你知道自己在塑造一个最真实的角色。"他端起水杯，我注意到，他的手指纤细修长，"这个角色，最初是父母给予的，之后便是你自己给予自己的……从生到死，你经历了无数的事情，对我来说，所演的每一个角色都只是每天可能发生的故事，它对我会有一定的影响，但不会根本改观我的人生。"

还有什么样的角色是陈坤愿意去尝试的？问题抛出去，他却久久沉默，以至于我以为自己说错了什么。彼时有人开门进出，发出"吱呀"的响声，间或是高跟鞋的鞋跟敲打在地面上，声音清脆。"我有段时间很排斥接剧本，因为它们都不是重要的角色，我不断抱怨：为什么不给我更重要的角色？"

抱怨？我们以为他已经足够幸运！部部戏都是男主角，还有何不满足？他摇头，对我的疑问不置可否。他厌倦了自己像男花瓶一样出现在屏幕上，扮相忧郁，表情淡然，浅薄而缺乏个性，一味沉溺于情爱纠葛，没有深刻的内心。

"更复杂的内心情感，更多的挖掘性，比如顾城，"他轻轻吟诵，"'黑夜给了我黑色的眼睛，我却用它来寻找光明'。比如一些愤怒青年，或者有过特殊经历的年轻人，吸毒者……后来我发现，那是因为我的生活的'气场'还没有达到和流露，不会吸引到这样的导演找我拍片。"

对于自己的被偶像化和定型化，他自有清醒认知。

而他所要做的，只是努力突破自己。《金粉世家》里的金燕西，演技固然青涩稚嫩，却不乏真实；《别了，温哥华》中的罗毅内敛沉默；《争霸传奇》中，范蠡外表纤弱，内心智慧……"我在慢慢地努力以寻求改变，也许需要的只是时间。"

"六年的时间，我最大的体会是自己绝对不可以停下来，必须往前走。"他的语调保持一贯的平和笃定："你告诉你自己可以做到，因为你是有责任的，这个责任是自己规定的。我要成为我想成为的人，演好自己的角色。因为所有的问题都来自自己的内心。"

"深夜无人的地铁，仲夏夜的街，寂寞正在蔓延。风吹过你的侧脸，清秀的发线锁定我的视线。忽然间是谁暂停了时间，才发现我对你有种感觉。爱上你或许是幻觉，Cinderella丢了玻璃鞋……"

镁光灯闪闪烁烁，他变身为明星陈坤。墨绿色Versus西装外套，浅蓝色Armani衬衣，竖条纹牛仔裤，极尽鲜妍。立在巨大的有着金属栏杆的鸟笼旁——那栏杆涂了一层光亮的绿漆，里面是游鱼，而非群鸟。他侧目，凝睇，低头，回首，不断变换造型和动作。表情多变。淡漠，沉思，傲岸，甚至偶有坏笑，仿佛戏谑。长长的眼睫毛，如同天使垂下的柔软羽翼。无一例外地沉默。

"让我借你的沉默与你说话，你的沉默明亮如灯，简单如指环。你就像黑夜，拥有寂寞与群星。你的沉默就是星星的沉默，遥远而明亮。"我在想，Pablo Neruda在拉丁美洲大地上写下的情诗是否也适合于他。

拍摄的间隙，和陈坤聊他的音乐。

第一次在朋友家看到黑胶唱片，内心充满惊叹和艳羡，感觉神奇而珍贵。那时他还只是15岁的少年，他的青春灰色暗淡，并无任何华丽的唱板。

上高中之前，他开始在夜总会打工赚取学费，唱歌是快捷的赚钱之道。他登上氤氲缭绕、五光十色的舞台，穿了带亮片的演出装。唱《新鸳鸯蝴蝶梦》，演唱完毕，台下响起寂寥掌声。他则紧张得要倒下。

后来如他所说，"带着满脑子的梦想和憧憬来到北京"，他进入东方歌舞团——不过只能演唱印度歌曲。比如我们耳熟能详的《大篷车》之类。他已经很满足。没有钱，没有朋友，花大量的时间在琴房练声。

2004年，他推出自己的首张专辑：《渗透》。其中最为人所熟知的是《烟花火》和《月半弯》。"每一个人年轻的时候都觉得生命可以肆意挥霍，认为青春和热情是用不完的，我也如此。只是年岁渐长，终于慢慢领悟每个人的生命其实只如烟花火般璀璨绚烂，短暂的明亮后，转瞬即逝。可是即便如此，也要让它的灿烂在那一刻充分燃烧。我们把握不住永恒，那就把握短暂的刹那。"他发出轻微的感叹。

"深夜无人的地铁，仲夏夜的街，寂寞正在蔓延。风吹过你的侧脸，清秀的发线锁定我的视线。忽然间是谁暂停了时间，才发现我对你有种感觉。爱上你或许是幻觉，Cinderella丢了玻璃鞋……"在第二张专辑《再一次实现》里，他开始尝试用音乐去表达自己，表达自己真正的情绪。唱片的封面上，是陈坤的右半张脸。这半张脸，无关漂亮和英俊，只是一种表达。唱片里尚有若干照片，——有些出自陈坤之手。偶然走过的街景，行色匆匆的路人，未喝完的咖啡，大雨落在玻璃窗上留下的水痕，深夜的路灯，已经失掉水分却依旧颜色绚烂的花束……每一张图片都简单，然而意味深远。

生命有时是一种幻觉，而音乐是生命的投射。他说。

名利这种东西，看上去华美纷繁，有时只是空中楼阁

"名利这种东西，看上去华美纷繁，有时只是空中楼阁。况且，花红不过百日，不是吗？" "我不怕老，我在等待老，等待我开窍的那一天。我是一个慢熟的人，一直在等着自己的开窍。我在生活里没有太多经历，我只希望赶快长大。"

"以前我觉得自己有很多压力，无论是做采访还是做音乐，而每一次我都希望自己可以在未来的时间内还原更多真实自然的陈坤。"他絮絮地强调，"因为希望自己表现得更好，可是因为太刻意，反而做得不够好。"他笑。

压力来源于名气，而他的名气又似乎来得过于迅猛而急速，连他自己都招架不住。突如其来的名利给他带来的是巨大的不安全感。

"不安全感？"我颇为好奇。

"因为我并无任何主观能动性去改变我的状况，甚至不曾奢望过。因为没有奢望，所以觉得幸运，你知道，这些东西来得快，有时去得也快……我很害怕失去……"

他曾经有过奢望：有一所大房子，爸爸妈妈弟弟都在，他们没有离婚。不喜欢的人不会出现……那是很久以前的事情。对于曾经的种种过往，他已经不愿过多提及。

"名利这种东西，看上去华美纷繁，有时只是空中楼阁。况且，花红不过百日，不是吗？"

我称赞他的心态平和，他不忘幽默一下自己："我一直都这样子，少年老成。"继而补充道，"比较早熟，单亲家庭的孩子都比较早熟。"

于他，年龄并非禁忌。坐在洒满阳光的室内，他无由感叹："30岁了……"他注视着我："我不怕老，我在等待老，等待我开窍的那一天。我是一个慢熟的人，一直在等着自己的开窍。我在生活里没有太多经历，我只希望赶快长大。你看，30岁对我，不管电影还是唱片，都有一个新的开始和尝试，我觉得充满希望。"

一直以为陈坤是个很闷的人，不想他也会冷幽默。以至于忍不住问他："你在剧组是不是也会耍宝？"不想，他愣了一下，疑惑地看着我："什么是耍宝？"Faint！我几乎昏倒，只好讪讪解释："就是开玩笑啊，逗人开心！"不料，他正色道："我不会娱乐人，真的缺乏娱乐精神！我时常告诉自己要无畏娱乐大众，可是总不能做很多。"我忍不住大笑："你的这个回答已经很具娱乐效果了。"

"真实的陈坤要反抗的时候，或者不愿意做的时候还是会拒绝。但是现在比以前，已经有了很多妥协。"

"人是很有智慧的，所以在生活中一定要找到适合自己的方式去开拓，挖掘自己的灵性。""灵性包括一个人的觉悟力、洞察力、智慧，对生活的感悟，对新鲜事物的好奇感和接受度。""如果你选择了正确的修行方式，它会改变你整个的生命。"

话题渐行渐远。聊到他已经修习了九年之久的瑜伽。

"瑜伽于我是一种修行的方式，你知道，人是很有智慧的，所以在生活中一定要找到适合自己的方式去开拓，挖掘自己的灵性。"他作短暂停顿，询问我："灵性你知道吗？"我忙不迭点头，担心他看轻我的智商。

他于是满意地继续说下去："灵性包括一个人的觉悟力、洞察力、智慧，对生活的感悟，对新鲜事物的好奇感和接受度。"

"如果你选择了正确的修行方式，它会改变你整个的生命。"他有一些倦怠，声音听上去却比刚才愈加有力量，一种柔和的力量。

在他讲话的那一刻，陈坤不再是那个闪耀着所谓明星、偶像、美男等诸多头衔的30岁的年轻男子，而如同一个布道者。他的身上也不再是名牌堆砌的华服，bling-bling作响的价格不菲的钻饰，而是着了黑色或白色的宽大衣袍，穿行在苍茫山野间。

那是另外一个"藏着的"陈坤，在他的体内。

他喜欢独处，包括一个人的旅行。火车开动，掠过城市、村庄、河流、湖泊，无尽原野和起伏山峦。他曾经独自背包到日本和欧洲诸国，穿行在那些异域的城市小巷。那些巷子无一例外地悠长、深远。每一户人家的店铺门口都种植着优雅的植物，陈设更是充满诗情画意。时近黄昏，天空中布满艳丽的云霞。他伫立于巷子中，看着眼前美景，心中涌现无尽喜悦，久久不忍离去。

他的脚步甚至曾远至西藏和尼泊尔。雪域高原，幽深湖泊，玛尼石碓，五彩经幡猎猎当风飘扬。"那儿有着绝对的干净，如莲花。"他赞叹。也唯此，他钟情于索甲仁波切的《西藏生死书》。"现在的你，是过去的你所造的；未来的你，是现在的你所造的。"

陈坤为人所不知的，是他对手表的收藏癖好。从前喜欢搜集电子表，因为它的价格便宜；而现在则不遗余力地搜集品牌手表。"大概有二十几款吧。"听起来，这是一个相当保守的数目。姑且听之信之。"手表代表了时间的流逝，而我对时间又是敏感的人。"他如是解释。

拍摄完毕，一行人急急离去。如同不曾出现。

"爱上你若只是幻觉，Cinderella丢了玻璃鞋。彻夜失眠，你像夜一样若即若离对我放电。爱上你若只是幻觉，意乱情迷也心甘情愿，或许明天清醒之后再忽然发现。"

我们都在通往内心幻觉的旅程。

无穷变

他把自己裹进一件镶嵌桃红滚边的绿色棉外套里，神情极是倦怠。"这段时间，实在太忙了。"他转过头来，说道。然而脸上浮现的笑意，依然是淡然而温暖的。

一扫此前华美奢靡的影像风格，此次拍摄意在突出一种乖戾和隐约的叛逆之气。服装的基调亦是介于灰色、白色和黑色之间。陈坤坐在场景中间的一把椅子上，跷着双腿，玩世不恭的气质俨然散发。"你知道，这并不是我的风格，"他微微耸肩，两手一摊，"但是我依然乐于去尝试。"

他依旧在向着未知的世界打开自己,如他所说,那样的尝试令他感觉新鲜,感受到生命的鲜活。

"曾经惯于去想未来会如何如何,但是这只会令你的心变得浮躁,让你忽略手边的事情。"

谈及现状,他似乎有诸多感慨:"过去不可以复制,未来也不可以期待。尤其像我做了这么多年的演员,曾经惯于去想未来会如何如何,但是这只会令你的心变得浮躁,让你忽略手边的事情。"

拍摄最新的电影《花花刑警》,对于陈坤而言,也是不曾有过的谋划与设计,更非刻意去作动作片的尝试或者所谓转型。"工作永远会来,只是不一定会以何种面目出现,不是这种类型的电影,就是那种类型。"他放慢讲话的语速,"关键在于,我的心态够不够好。"

陈坤自己总结,《花花刑警》里有他的太多第一次:第一次去香港拍戏,第一次演刑警,第一次演真正的肉搏打斗。挑战和压力并非没有,拍摄中一次次的NG,但陈坤会将它们逐一化解。"这部戏上映后,我表现得好不好,大家喜不喜欢,都是阶段性的评定。如果站在我的角度,他对我的意义就只是感受。"他的语气透着真诚,"我看到了记录在胶片上的我,那是我生命中的某个部分。"

谈到几乎与《花花刑警》同时拍摄的《画皮》,陈坤说,那是另一种经历。角色也是他不曾尝试过的,一个书生意气的将军。"如同刚才的拍摄,同样是我,如果我在某个瞬间有一个好的状态而摄影师没有捕捉到,让我重新来过,那是无法复制的。因为我的心不一样了,我只会描摹到那种形。"

所以,我们看到的是同一个陈坤,都是文戏,但随着年龄的成长,或者演对手戏的剧情的改变,即便是塑造同一个角色,感觉亦是不同。

"当然,每个人不可能没有目标,不能没有自己的方向,但最重要的是要学会踏踏实实。很多人都从书中得到一种规劝和告诫:你要把名利看轻。你只有经历过，先看重名利，才会看轻看淡。类似的意思还有放弃执着，你只有找到执着的本质是什么，你才会放弃。一开始你就放弃执着，实际上你到底放弃了什么，你并不知道。"

"最重要的是要先去经历，用自己的实际经历去印证一些道理，才会更可靠。正如有和无，没有有，何谈无呢？"

要让你自己的个体放松。人在放松之后，有什么感觉，都是好的

陈坤在推出他的新单曲和MV前曾言："发这首歌也是预示着我要重新回来做自己的音乐，甚至会考虑做第三张唱片。"

陈坤已经进入一个好的创作状态，激情似乎洋溢在他的内心，只是以一种较为平和的方式呈现。他顺着自己的思路说下去："在生活里我也渐渐恢复了某种热爱之情，譬如做早餐，以前会觉得早餐无非只是一顿早饭而已，现在会把自己的心放进去。形式一样，我投入的精神不同，所享受到的感觉也不一样。"

如果在北京，他的早餐是妈妈煮的面条。"简单的清水面，但一定要辣辣的那种。"他笑，"如果在外面，就会吃一些粥，比如小米粥，或者麦片之类。"

以前听音乐，陈坤会只专注于某些门类，而现在，他不会给自己设定框架。听到了，就是听到了，类似于佛家所说的"随喜"。

"我不会刻意地去听，不会刻意去想喜欢或者不喜欢。只是听，仅此而已。人是一个被逐渐熏陶的过程，这就如老被烟熏，你就变成了熏肉……"他的这个陡然冒出的比喻实在令人乐不可支，又形象贴切。他继续说道："经常吃甜食，你体内的含糖量自然会高……所以，你知道吗？我现在的感觉是如果你对艺术或者生活还有自己的要求，那么一定要通过一些精彩的东西来熏陶自己，古语说：近朱者赤，近墨者黑。就是这个道理。电影、音乐等这些艺术形式讲究的是感觉，你的体内需要汇集更多的感觉。感觉汇集多了，才会通过作品释放出来。

每一句话，每一个字眼，都发自他的内心，渗透着他的灵魂。浅显的话语，其实深刻无比。"这个积累的过程是漫长的，我不会像别人那样，经历了多少年，成功到哪一步。我是经过了那么多年才明白了这么浅显的道理，这对我来说意义更为重大。它远远胜过颁给我一个隆重的奖项，或者给我一些炫目的夸赞，因为这是我真实的切身感受，是可以令我真正受用的东西。它来自于我的内心。"

有了这样的感受，当下的陈坤虽然忙碌，却感觉充实而开心。"它远比任何时候来得都真实，以前会让自己可以保持良好的心态，现在即使不提醒自己要开心，每天也都是蛮开心的。"

"生活中有些话题的确很有意思：比如开心，快乐，这些词语似乎离人们越来越远。其实不要单一地去追求某一种感觉，幸福感或者安全感，这些其实都是生活中的情绪的变化。而最重要的是，要让你自己的个体放松。人在放松后，有什么感觉，都是好的。"

没有全然经历过这个世界上发生的所有事情，你不可能得到一个最明确的答案

"你现在对别人是否有所期待？"我把问题抛出去。

"这个问题其实是一个外在现象，就像喜欢或者不喜欢，有些时候，你问出的问题与他的回答，也许都不是真实的，也许在你的问题问出后，他并不知道真实的回答是什么。有时，生活里不要给自己或者别人太多的选择。比如，我看到过这样的一句话：'欲望越少，幸福越多。'"

他停止讲话，嘴角洋溢笑意，然后慢慢地说："我对这句话相当不以为然。"

"很愚昧的等量代换！"他把重音落在"愚昧"二字上，"哪有那么简单的生活！很多人会故作高明状来诠释生活。我的建议是不要去对生活作什么总结，该怎么活就怎么活吧！该吃饭吃饭，每个人都没有全然看过这个世界。"

他回到谈话的原点："你问的这个问题，说明你很有儿童心态。

对于对方而言,他会觉得这是一个莫大的问题。他没有经历过所有的事情,怎么会知道在人生里还有没有真正的期望?关键是你有没有找到自己的心,如果没找到自己的心,每一句话都经不起推敲。"

"你找到自己的心了吗?"我问他。

"这个问题没有任何实际意义,说起来好复杂。换句话说,朋友越好,可能距离感越强,越模糊。"

他对自己的谈话作最后的陈词:"大可不必试图在人生里面得到太多完全的解释,一切都只是你的感受而已。感受是不需要去刻意拿捏的,只要你会找到你的心就好了。"他感叹,"但是这个寻找的过程,要找到你的心,你需要具备极大的勇气,深刻地剖析,你到底是谁?你接受自己的嫉妒心吗?你承认自己是一个快乐的浑蛋吗?我也没找到自己的心,还在寻找的路途中。"

"我们的谈话真是好深刻!不是跟每个人都能聊这样的话题。"他笑,"已经很久没有看书了,也很久没有听音乐,你有什么音乐向我推荐吗?"

"一首新的尼泊尔音乐,是琼英·卓玛的,名字叫《舞蹈的空行母》。"我打开笔记本,"还有几首西班牙曲子。"音乐在喧闹的空间里响起,蛙声、溪水声、清越的女声,辽阔而空灵的感觉。陈坤闭上眼睛,凝神谛听,也算稍事休息。"音乐很好,"他赞叹说,"但不适合在这里听,你可以发到我的邮箱。"

"我可以推荐几部电影给你,"我稍作思忖,"贝托鲁奇的《LITTLE BUDDHA》(《小活佛》),你应该会喜欢,还有之前看过的一部老片子《永恒的一天》,是一部希腊电影,当时还是周迅推荐给我看的。讲的是一个阿尔巴尼亚小孩子和一个老诗人的故事,画面很美,台词也富于哲思和诗意……"

"人放松很重要,当你放松的时候,你对外在的刺激,会很敏感,但是那些负面的刺激不会影响到你,你对生活的安全感也会增加。"

他依旧是安静地坐在那里,絮絮说出上一番话。你会感受到,他的内心正在渐趋丰盈。

孙 俪
幸福依旧

"我其实很少去归纳总结自己,这么多年下来,我不知道自己发生了如何的变化,也许只有周围的人才看得清楚。"

从籍籍无名的新人,到炙手可热的时尚宠儿,她的每一次蜕变,我们当然看得到。

在轰轰烈烈的娱乐圈,她只活得自我,潇洒,素雅,洁净,一味沉浸在自己的世界,不在乎外界的喧嚣。然后,几乎是直线攀升的成名速度。名气不会令她晕眩,而与邓超只羡鸳鸯不羡仙的恋情高调曝光,非但没有惹来非议,反倒令两人双双人气高涨。

这种奇迹,也许只有发生在孙俪身上才不令人奇怪。

人的心境不同，所喜欢的东西亦是不同

初出道时，孙俪只是无人知晓的影视新人。与海润影视公司签下的一纸合约使她注定成为一颗晶晶亮的新星——海岩《玉观音》的开拍，在经过旷日持久的挑选之后，令孙俪出其不意地成了最终的幸运儿。孙俪的人生幸运之旅就此展开。而此后，她每一次重要的转折似乎都是无心插柳的意外收获。

"是谁的心在风中飘荡，那熟悉的歌已未央……"

耳际尚回旋着孙俪在《新上海滩》片尾曲里的唱词，她已经端然出现。只是不再是长发飘然的模样，剪了梁咏琪般的一头短发，有着说不出的清爽与利索。细长双腿裹在蓝色牛仔裤里，黑色连帽衫，俨然又为她增添了几分俊俏和活泼之气。

过去的一年里孙俪最被看好的作品无疑是《新上海滩》《甜蜜蜜》《屋顶上的绿宝石》《幸福像花儿一样》，以至于被人们评为堪与范冰冰、刘亦菲、赵薇等当红女星闪亮荧屏的艺人。

接受此番访问时，孙俪刚刚结束了一部名叫《铁路》的新戏的拍摄，搭档有梁家辉等人，外景地在加拿大。

"人的心境不同，所喜欢的东西亦是不同，现在我需要更多的新鲜感。"

每个人的成功都要受到祝福，每个人的成功也都有他成功的理由

仅仅几年前，孙俪还只是一个为找到一份可以谋生的工作而常常犯难的小女孩，如今，在更新换代如此频繁的影视圈，孙俪俨然已经跻身大牌演员之列。

一年到头马不停蹄地演好多戏，几乎没有停歇，有时也常常陷入角色错位，但好在与她合作的演员总能给她新的感受，比如刘烨的率直，佟大为的含蓄，这些都能给自己新的表演体验。孙俪说，她特别想闲下来开一间宠物店，不过现在不行，对演员，特别是女演员来说，演戏的黄金时间很短暂，现在演每部戏都是一次训练。

"一开始拍戏的时候会觉得特别累，因为我是特别好睡觉的人，"谈到最初拍戏时的感受，孙俪说，"经常拍通宵，偶尔会有两三个小时没有我的戏，我就会睡死过去。"她哈哈笑："这个时候有人一巴掌把你拍醒叫你起来拍戏，那种感觉很窝火，你知道吗？"

这个时候她说自己会很懊恼：怎么会选择这样一份工作，连睡觉都不得安宁！

至于拍戏时受伤，孙俪说早已经不算什么了，习以为常。拍《甜蜜蜜》时，她穿着裙子在火车轨道上不停地奔跑，跑得快时，无法看清脚下枕木的位置，一脚踩空，人即刻摔了出去，腿磕了两道疤痕，至今记忆犹新。

不止如此，孙俪说，在拍某部戏时，被人用刀在脸上划了一道深深的口子，鲜血直流。"但是只是补补妆，继续拍。"她的语气透着淡然，端视镜中的自己。镜子里面，映射着一张白皙红润的面庞。"那个时候哪里会说，伤口上不能再扑粉了，会留疤痕的，不去管那么多……"

的确，看多了明星在镁光灯下的华服丽影，衣鬓香鬟，容易让人忘却他们在片场的付出。"这种伤其实不算什么，我是一个生活极有规律的人，打破我的生活规律，恐怕是最令我痛苦的。"

我称赞她看上去纤弱，其实骨子里有一种坚定和倔强。她扭过头来，启齿粲然一笑："可能是因为跟你聊天时，我太武装自己了。"言毕，她兀自笑出声来。

"什么东西都是要更新换代的……"她的语气里透着一丝怅惘，"而且，我入行也不久，现在也还算新人吧！"她又微微笑，"每个人的成功都要受到祝福，每个人的成功也都有他成功的理由。"

"即使将来我不能有大的成功，但至少我也曾经努力过。"她语调平缓，仿佛波澜不惊。

"过程最重要的,是吗?"我试图领略她更深的意思。

她摇摇头:"是啊,每个人都会这样讲,过程重要。有时,我觉得这是一种自我安慰,结果不好的时候,一样会令人很不开心。"

"一定会不开心的。"她强调,"因为我们都是凡人啊!"这个理由,似乎为她的不开心加了一个注脚。

我觉得是丢失了一种简单的美好,现在的快乐跟过去的快乐也不一样了

当被问及有关家庭的问题时,孙俪立刻变得极为警觉,"关于家庭的问题我就不想再多说了,《知音》《现代家庭》之类的杂志来杜撰我们家里的事情,看完之后……"她夸张地张大了嘴巴,"我的口水都要流出来了……完全是不搭边的事情。"

"可能是因为以前做访问的时候,我太敢于说了。从这个采访里取一点,从那个采访里取一点,就成了他们的一篇文章了……"她摇摇头,"所以不要再讲这个问题了,我怕再给别人提供写作素材。"语气里是不容商讨的决绝。

于是我们的话题就顺势聊到了她进入演艺圈之前的一些经历,学舞蹈,进部队做文艺兵。而这于她,似乎是乐于去讲述的。"退伍以后,其实我有蛮多的路可以选择,但每条路看上去又都很渺茫:上戏的一位老师,建议我去考上戏;为了多赚钱,去做编舞;在外面公司演出,居然被邀请去上班……"

还在部队的时候,孙俪喜欢给别人化妆,对别人总是精雕细琢,轮到自己,则是三五分钟就草草了事。"赶紧给自己粘上假睫毛,画两根眉毛,画上口红就上去演出了……永远是别人最漂亮,我永远是台上最丑的那个。"她开自己的玩笑。

"经常会有人预约我,我还得自己掏钱买化妆品……"她自顾絮絮讲下去,"只是有一次出去化妆,他们把剩余的化妆品全都送给了我。哇,真是高兴得不得了!"那一刻,她眉飞色舞,神采飞扬,

"那时我一个月没有多少钱,不会买这么多化妆品!"

虽然只是发生在几年前的琐碎趣事,但现在讲述起来,在心理的空间上,孙俪依旧觉得很近,而非遥远。

"我不否认自己现在比那个时候有钱了,但现在不管买什么东西,都不会有以前的新鲜感和惊喜感:哇噻!你想象不出来,画完眼影,我会把盒子擦得干净得要死!比我的脸还干净!"

此时,孙俪仿佛已经不是什么当红的明星,浑然只是邻家寻常女孩,讲述她心中珍藏的情感记忆。

"再也不会有那种感觉了,用完之后我可能随手就扔掉了,再去买新的!没有珍贵的感觉,"她稍显踌躇,"我觉得是丢失了一种简单的美好,现在的快乐跟过去的快乐也不一样了。"

"我过生日的时候,政委曾经送给我一套护肤品,有爽肤水、乳液什么的,我记得很清楚,150块钱。去公共浴池洗澡时,洗完澡忘记带回来了……"

从浴池到部队所在地来回跑需要20分钟,而孙俪10分钟跑了一个来回,但是那套化妆品早已不翼而飞。

她的懊恼与失望无可言喻,禁不住潸然泪下。"我真的哭了,过一会儿就要演出,我的头发甚至还是湿漉漉的,滴着水……"

她微微笑:"你说我现在丢了一套化妆品还会哭吗!"她感叹地摇头,"当然不会哭,即便丢了化妆包我也不可能哭,再买呗!"

"但那个时候,我是发自内心的珍惜。"

人需要有信仰,这会给你的精神带来一种寄托感,而束缚则是爱的天敌

演戏之外,孙俪说生活中的自己完全与演员无关。

绘画,是她的最爱,她会学习国画、油画和素描。"我对颜料感兴趣,以前画水彩的时候,买错了一份颜料,买了油彩,颜色永远画不到纸上,奇怪啊!我就拿着油彩到处问人家,这是什么东西?为什么画不到纸上？他们全都嘲笑我，说这是需要用油来调和的。我又问，用什么油呢？……"她呵呵直笑。

"我画画特别快！"她连说了四遍，似乎要引起我们的重视，"尤其擅长画动物。"

孙俪爱动物是出了名的，前不久，第三届"全国十大社会公益之星"评选表彰活动公布了候选人名单，孙俪是唯一入围大名单的演员，更凸显出她在社会公益方面超乎常人的积极态度。

"现在我已经没有专业的画板了，本来是有一个的，已经被家里养的狗咬得千疮百孔，画架上的螺丝也不知道被狗叼到哪里去了，到现在还没找到……"言谈间，虽是抱怨，语气却极是怜爱的。

孙俪是瑜伽的忠实追随者。在上海的日子，她坚持每天修习瑜伽。而在北京，因为没有合适的地方，而不得不中止。

"我练习瑜伽的时候感觉非常开心，真的非常开心，每天都会带着期待的心情开始，特别陶醉。"

"人需要有信仰，这会给你的精神带来一种寄托感。有信仰非常好，无论我在快乐还是失意的时候，总会有一个声音告诉我，我应该怎么去做，高兴了不会得意忘形，不开心也不会令我一蹶不振。"

她颔首微笑："心中有追求，是一种非常奇妙的感觉。你会觉得自己思路开阔，因为我是一个比较愿意钻牛角尖的人，但是现在已经比之前进步许多，心态平和了许多，也慢慢地学会了原谅。"

尽管与邓超会秀恩爱甜蜜，两人亦是情真意笃，甚至一道去韩国旅行，和普通情侣一样，几乎逛遍首尔的大街小巷，逛街、购物、吃饭，到牵手、拥抱、亲吻，更去钻戒商店挑选钻戒。

"但我依旧保持自己的独立性，80后的人都很独立！但是我现在是可以接受另外一种生活方式吧！"

而当被问及在若干年前的访问中，她为何说自己不会选择婚姻时，她的答案是："因为那时我看到的婚姻都是悲剧，没有看到能够让我感动的事情，"她话锋急转，"至少没有理由让我去相信它，让我去接受它。"

而现在呢？孙俪自言接触的人多了，看待事物也不会像从前那般偏激。"曾经相爱的人为什么会分开？为什么会离婚？是什么原因？现在我会换个思路和角度去思考，不再只是看单面，而是更立体了。"

她的手机铃声响起，是一首轻松的乐曲。

"两个人在一起，互相的尊重还是最重要的。"她强调，"两个生活在一起的人要互相尊重。"

"你问什么才算是真正的爱？其实我也不知道。我很害怕被问到大的问题，"她仰起脸，笑意盈盈，俏皮地把脸转向身边的每一个人，探索询问，"什么是爱？"瞬间又安静下来，"还是一种感觉吧，爱，可以是一个动词，也可以是一个形容词。但它是无法被定义的，一旦被定义，就成为一种约束和束缚。而束缚则是爱的天敌。"

吴彦祖
我是一个懂得放自己一马的人

10年前,他只是一个匆匆路过香港的背包客;10年后,他却成为红透香江两岸的superstar。

女人们顶礼膜拜于他亦正亦邪的性感眼神,男人们则称颂他布拉德·皮特般完美无缺的六块腹肌。众口一词的是他与生俱来的完美容貌,浑然天成,散发着诱惑。

出道伊始,吴彦祖即成为性感一词的不二代言人:俊美的面庞,张扬,狡黠,略带玩世不恭的神态。误打误撞的《美少年之恋》里,他只穿了简单的白色衬衣站在海边,青涩纯净而春意萌动,独具意味的阴柔之美令每一个人都认为他就是法国导演让·科克托《诗人之血》或《奥菲的遗言》中主人公的化身:自恋、孤独,喜欢和镜子在一起,当他向镜子伸出手,镜子甚至如湖水般水波晃动,于是他也得以进入其中,去另外一个世界。

他的身影继续出现在《游园惊梦》中,尽管只是做了宫泽理惠和王祖贤的陪衬,但旧时代的扮相里,他浮华的气质仍让女人们在夜里醒来的时候辗转难眠。

世界上的诱惑太多了,你可不可以把持得住?吴彦祖不以为然地摇头:我要让你们知道你们看到的我并非我。而吴彦祖一边行走在世人探寻的目光里,一边追寻着自己的电影梦:从《新警察故事》《夜宴》到最新的《门徒》。故事起承转合,他的角色亦随之纷繁多变,上演着属于自己的传奇。

我对娱乐圈从未有过幻想

思绪尚未有更多的波折和盘旋,吴彦祖已经出现在我们面前。

红色衬衣,白色风衣。脖子上套着黑色丝质围巾。头发有些乱,遮住了光洁饱满的额头。眼睛大而明亮,在浓眉下细长地延伸。清容俊貌,嘴唇上方和下巴底部似乎刚刚刮过,有着纷繁富密的胡须曾经生长过的痕迹。而那是怎样的一张脸,窄小精致,宛如橄榄。

他矜持又略带一丝傲然的微笑,和在场的每一个人打招呼。我注意到,他说的是"你好",而不是"Hello"。声音含混,带着ABC(美国华裔)特有的浓重喉音。

他坐下来,低声询问:"可以抽根烟吗?"那是他的一种放松方式。我们一厢情愿地以为他不食人间烟火,是落入凡间的神祇,他却清醒地知道自己只是红尘滚滚里的过客。扮演完无数的角色,他要的只是回归自己。只求自己所需,额外的东西再耀眼,那似乎也与他无关。

这正如他的美,浑然天成,固然倾倒无数,却不是为了诱惑。

烟雾徐徐升腾,他的表情趋于自然柔和。轻微弹掉烟灰,似若有所思。那一刻的吴彦祖,柔美而寂寞,别具味道。

时间仿佛静止下来,缓缓流过,多了空间,填补情绪的空白。

男人的容貌真的很重要吗?有人如是问。答案是:男人的容貌真的不重要吗?

至少对吴彦祖是如此。

"原来姹紫嫣红开遍,似这般都付与断井颓垣;良辰美景奈何天,赏心乐事谁家院……"

几句昆曲,一个亮相,故事就开场了。

"事实上,我对娱乐圈从未有过幻想,也许是因为家庭比较传统的缘故,但是,未拍电影前,我已经找寻不同方式表达自己,有时写东西，有时绘画，有时摄影……"

"我很幸运，这样的幸运并非每个人都可以碰到。"这是他的开场白。

这样的"幸运"，发生在吴彦祖23岁那年。只是为了见证回归，他只身一人背着行囊从美国飞到亚洲，先是日本东京，后是中国香港。那样的一次寻常旅行，却改变了吴彦祖的生活轨迹。不识一句广东话的他花光了所有盘缠，为筹差旅费到一家模特儿公司碰运气做钟点Model，仅仅几个月后，他的一幅巨幅海报意外地被导演杨凡发现，使他成为后来轰动一时的《美少年之恋》的男主角。

"他优雅气质中混含的纯真与脆弱，能够令他周围每个人的眼睛破裂。"时至今日，杨凡仍兴奋不已，不能忘记第一次见到吴彦祖时情景。这种赞誉仿佛乔治·阿玛尼之于舍甫琴科："我惊呆了，开头你看见一群群的模特儿走过去，没有留下任何印象，然后他来了，第一感觉就是一个真正的男人……他有着成为新性感标志的潜力，在T台上向全世界的女人散发着致命的吸引力。"

而只是一夜之间，巨大声名仿佛燎原之火，迅速燃烧着吴彦祖的生活。

听起来像天方夜谭。

"而此前，我的梦想是成为李小龙第二，就是布鲁斯·李，你知道。"他说。他的父亲曾是京剧行当的武生，父母曾送他去武馆学太极拳。他依旧记得，老师是一位来自北京的老头，为人和善，讲话语速缓慢，穿白色短打马褂，像极了戏曲里的人物。第一堂课上，他学到的不是拳脚功夫，而是一个极深奥的中文词汇：相生相克。那时，李小龙的《精武门》正如疾速迅猛的旋风刮过空气潮湿温润的旧金山。

后来，吴彦祖进入俄勒冈州大学读建筑，他开始玩滑板，听猫王、The Beatles、朋客摇滚、斯卡、重金属和饶舌，身为ABC的一代，同金发碧眼的外国人相比，他的内心深处有隐隐的自卑感。于是只有拼命念书，拼命练功夫，然后找一份和建筑相关的工作。

"念建筑系时，你的idea可以多姿多彩，但是进了一般公司，你可能一辈子只是一个执行者，我知道自己不适合这样的工作。认识到这一点，索性先放自己一个假期去旅行，想看看自己到底要什么。"

　　这次看似偶然的旅行，让吴彦祖找到了自己。

　　"事实上，我对娱乐圈从未有过幻想，也许是因为家庭比较传统的缘故，但是，未拍电影前，我已经找寻不同方式表达自己，有时写东西，有时绘画，有时摄影，但是当时跟父母争取念艺术是没有希望的。"他笑，"所以唯有选择修读既有科学，又有艺术的建筑课程。"

　　这位建筑出身的男生，懂得事物组合的方式和素材的运用，更兼接触过独具创意和独特风格的人与事，自有与众不同的华贵气质，冷峻抑或超然，把自己区别于众人之外。

　　而他本身，即是一座完美无缺憾的建筑物，令人称赞。

我要向父母证明娱乐圈不是一个party，它其实是可以实现理想的地方

　　"我要向父母证明娱乐圈不是一个party，它其实是可以实现理想的地方。我所说的理想，不是得到名气和金钱，而是一个人如何成为艺术家。娱乐圈对我来说不是一个destination，它是一个journey。"

　　"七年前我刚到香港，只是一个什么都不懂的傻瓜；七年后的今天，我却是一个拿了金马奖的傻瓜。"万众瞩目的第四十一届金马奖颁奖典礼上，吴彦祖身着银灰色西服，手捧奖杯，激动不已，犹不忘幽默自己一下。

　　如果只是一味炫耀卖弄外形，吴彦祖清楚地知道，自己不会走得久远。从前辈刘德华、梁朝伟和郭富城，到谢霆锋、余文乐和陈冠希，弹丸之地的香港，从来不缺少型男靓仔。

　　他更清楚地知道，自己到底要什么。

　　《美少年之恋》中，海风吹起他身上薄薄的白衬衣，与冯德伦深情对眸凝视；《游园惊梦》里，他介入了两个女人间的纸醉金迷，是那个

"能勾引出女人最原始欲望的坏男人"，镜头下，水流缓缓滑过他结实饱满的腹肌，令观者在一刹那喉咙发干。《妖夜回廊》里，他温情款款地絮絮表白："你知不知道？我不能爱别人了，我只能爱你一个！"

他只是作为一个漂亮的性别符号存在着，除此之外，似乎别无意义。表情单一，与人物内心缺少共鸣。

这如同桥梁，仅是过渡，这如同旅途，只是到达，而非目的。"我要向父母证明娱乐圈不是一个party，它其实是可以实现理想的地方。我所说的理想，不是得到名气和金钱，而是一个人如何成为艺术家。娱乐圈对我来说不是一个destination，它是一个journey。"这是他对自己的承诺。

青春和阳光在他身上从来不曾磨灭过，而他的成长已经迅速而扎实。

《玻璃之城》中，他被张婉婷导演选中，饰演黎明的儿子，证明了文质彬彬的吴彦祖是爱情文艺片的不二人选；《特警新人类》和《紫雨风暴》中他一反斯文形象，冷血残酷，眼神亦正亦邪，角色善恶莫辨，表演极富张力。《夜宴》中，他是高贵寂寞的王子，一袭长袍衬托出他的超然个性，用面具遮住自己的内心世界。最新影片《门徒》中，他为逃避警方追捕，不惜亡命爬墙，在一幢工厂大厦灰色外墙上爬来爬去，左右摇摆，很是惊险，数次NG之后，还要重新爬上七楼，足足爬了十几次……

在吴彦祖看来，扮演不同角色、尝试新鲜事物更多的是出于演员的责任而非个人喜好。"作为一个演员，如果你认为自己是演员而不是其他的什么，那么你应该坚持扮演不同的角色，与不同的导演合作来挑战自己。"他在前不久接受一次访问时曾如是说，"如果你想进步，那就不得不去冒险、去尝试各种各样的事物。我的个性取决于我的经历，而我知道的东西和我想做的事一直在不断增加和改变，所以我的个性也一直在变化。现在，我不想做巨星，只愿做演员！"

所以，他的表演不再是简单贩卖自己的魅力，而成为多样化的男性经验的表达。他敢于打破外表束缚的努力和勇气，为人讶异而赞叹。"毫无疑问，吴彦祖将是华语影坛的未来巨星之一。他选电影很少出于商业考虑，而是偏向于他从未尝试过的，以求挖掘自己的创造力。"历来对他赏识有加的成龙如是说。

我一直希望成为艺术家

"我一直希望成为艺术家，我不断提醒自己，要保持自己的radical mind，有一天总会找到机会以电影的方式把想说的话说出来。""而电影的力量，在我看来，除了娱乐，还有教育，它可使人在两小时内对一些事物从不认识到认识，亦可令人重新燃起希望，即使一个人重新有'火'。"

"我一直希望成为艺术家，开始的时候觉得不够资格，不够成熟，或者身份上太被动：我是演员，只能是导演手上的颜料，但我不断提醒自己，要保持自己的radical mind，有一天总会找到机会以电影的方式把想说的话说出来。"

外表宛若神的桂冠偶像和美少年，突然打破被膜拜的沉默，开口对全世界宣言："我有话要说。"

这个机会就是他自己做导演拍摄了电影《四大天王》，这部片子大曝演艺圈八卦之光，更兼影射媒体与明星之间"互惠互利"关系而引起轩然大波，更令吴彦祖身陷是非漩涡。

"香港地方真是太小了，人与人之间的利害冲突总是很容易被挑起来。"吴彦祖无奈摇头，"而明星，基于很多理由，现在已成为大众生活的焦点。他们的角色、位置，反映出香港人的一些权力心态。"

"而电影的力量，在我看来，除了娱乐，还有教育，它可使人在两小时内对一些事物从不认识到认识，亦可令人重新燃起希望，即使一个人重新有'火'。""那么你认为自己是一个心里有'火'的人吗？"我忍不住打断他的叙述，大笑着问道。"当然，"他极认真地回答，"I am feed on Fear and Pressure。火种则来自我对恐惧和压力的反应。我不怕别人看到我的不同面，只担心他们看到我只是一个空心的白马王子。"

穿着Polo衫和Givenchy西裤的吴彦祖，其实是一个冷静的观察者和发问者，只是他的深刻，很多人难以看到——似乎也不愿看到。

每个人都在成长。

正如他一再强调："一个成熟男人应该知道自己是谁，想要什么，并且不遗余力地达到自己的目标。他知道自己的责任，并且能去承担。正如我的现在，是为了满足我作为艺人的需求而去工作，而非为了达到别人的需求，否则，我在哪里呢？"

言毕，他习惯性地耸肩，两手向前伸出，表情依旧漫不经心。

生活对于我，没有任何框框，只有接纳，人才会放松

"我觉得我的人生有很多是在路上才茅塞顿开的，就像最初兼做model亦是为了差旅费，而这些对我有意义的长途旅行，通常都发生在漫长的夏天。""与流行相比，我更相信风格。生活对于我，没有任何框框，只有接纳，人才会放松。"

身为偶像巨星（他排斥这种称呼，却是我们乐意说的），他的绯闻似乎委实乏善可陈。

《新警察故事》里吴彦祖是战无不胜的邪恶贵族，魅力即是无形兵刃，直令女人芳心大乱。在《妖夜回廊》里他是精神错乱、情欲迷乱的复仇者，有巨大的同性恋倾向，同时又是色诱诸多女子的翩翩美男。"为自己喜欢的人付出，是很自然的事。"他在《千机变2》中如是说，俨然一副情癫大圣的模样。

与他合作的女艺人，有长长的名单：王祖贤、Twins、李嘉欣、舒淇、杨千嬅、章子怡、周迅……被传与他拍拖的女子，倒屈指可数。

让他点评合作过的女星，他笑，试图一语带过，只云："章子怡人自是极靓，很有power；而周迅则是沉静，如水样无声。"

他的恋爱履历更是明了简洁，远不及所饰演的角色那般多姿多彩。

自曝光先后拍拖5次（其中一次是鬼妹），初恋年龄是16岁。"喜欢什么样的女人？"他果然极老套地回答："每个女人皆有其可爱之处，"似乎看出了我的失望，旋又善解人意地补充道，"性格很重要，能了解彼此感受，并且彼此分享，经常沟通，不管开心不开心都要讲出来……应该会很聪明，有某种智慧，当然，还有就是最好不要带我去shopping！"

星象学家说，天秤座的人虽不滥情，但却极是痴情。前任名模女友张曼玉Maggie Q和陈冠希传出绯闻，为查证事情真假，吴彦祖和经纪人讲了8个小时的国际长途电话。彼此冷静3个月后，选择平静分手，吴彦祖不再是她"最勤劳的情人"，他们亦不再是《沉默的羔羊》里彼此热吻的情侣。而张曼玉Maggie Q显然更早地后悔了，人们看到独身后的美人频频买醉，借酒消愁，并表示："Daniel是最好的情人！"

现在张曼玉Maggie Q的位子早已被混血名模Lisa.S所代替，后者称赞他"会煮一些西菜，最拿手的则是牛扒，味道真的很好！"

除享受爱情的甜蜜，吴彦祖最大的hobby仍是旅行。

"如果有充分的休闲时光，在美国开车上路是summer break的最好选择。数年前的夏天我和朋友即干过这样疯狂的事情，开了部车子就开始了横跨美国之旅。毫无计划可言，只是沿公路一味前行。我们甚至尝试在引擎盖下烹煮食物，西部公路旁边的景色就是一大群牛，以及漫无边际的草地……"他停止叙述，问我，"你可曾看过《大河之恋》（A River Runs Through It）？"我微笑："当然，布拉德·皮特的作品。""是的，那里的街道非常安静，还会看到仿佛从电影里跑出来的木屋，气氛慵懒。透明的阳光下，你会看到花的种子在飞舞，车窗外好像在播放一部西部老电影。"

他似乎若有所思："我觉得我的人生有很多是在路上才茅塞顿开的，就像最初兼差做model亦是为了差旅费，而这些对我有意义的长途旅行，通常都发生在漫长的夏天。"

而旅游时，吴彦祖携带的物件极是简单。防晒用品、太阳镜、一本Lonely Planet系列的旅游工具书，惯用的记事簿，一把Leatherman Tool，可以用来切割食物与登山，以及T-shirt和牛仔裤。"我从学生时代就是这样,无论去高棉抑或是欧洲,我的行李就是我的家。"

如果不去旅游,他则会花相当的时间在电视机前看租来的影碟。马丁·史克西斯、斯坦利·库布里克等导演的作品是他的最爱,而亚洲导演,他推崇黑泽明,"他的《梦》会让你离开现实,在缤纷色彩中体验寓言的价值。"

"我是一个懂得放自己一马的人,不会要求自己一定要穿名牌,也不会规范自己的生活有多么时尚——虽然我以模特儿身份出道,但对潮流了解并非很多。与流行相比,我更相信风格。生活对于我,没有任何框框,只有接纳,人才会放松。"

陈晓东
沉默后复活

印象中的陈晓东，曾在流行乐坛为自己争得一席之地，赢得过小天王的称号，也曾不满足于现状，试图以更宽广的音乐作不同的发挥，不断尝试新的可能。

只是他最近几年的沉默却是有目共睹。守得住寂寞，固然是一种勇气；甘于在鱼龙翻滚、红尘紫陌的大千名利场里冷眼观望，恐怕其中也有身为一颗棋子的身不由己。

"心欲静，红尘偏在黑夜中舞蹈。"陈晓东曾在歌里这样唱。

蜕变中的歌手，正渐由大男孩的青涩成长为男人的沉稳，稚气的笑容不再，取而代之的是更专注而深情的眼神。

外形俊朗的男子，也堪称是世间的珍奇和尤物。不甘做平庸的男花瓶，追逐自己的自由却是束缚日甚一日。大抵凡人即有烦恼，只是造物主给每个人的烦恼不同而已。而陈晓东曾经的烦恼，如丝帛般细腻，如春雨般哀愁，如戴望舒《雨巷》中的丁香花，纠缠郁结，模糊在喧嚣的都市，只将淡淡的惆怅和惘然融进歌里。

"我需要的只是泰然的人生和音乐。"出道以来，经历了生命中的跌宕起伏和潮起潮落，他对自己的要求复归于简单和执着。

调整自己，让自己随时放松

与任何大牌或者试图标榜自己大牌的艺人一样，陈晓东在若干人的簇拥下进来。

双扣尖翻领羊毛晚礼服、真丝塔夫绸马甲、纯棉翼领衬衣，再加上漆皮鞋与玫瑰金腕表。陈晓东在扮酷？NO。这是英国小生乔纳森·雷·迈耶斯为著名的《ESQUIRE》杂志所拍片子的造型。穿上这身行头，《赛末点》里英俊潇洒的网球教练顷刻间变成了身着华服的木偶和傀儡，个性丧失殆尽。

用在此处，只是戏语。

因为陈晓东永远不会把自己搞得这么紧张。眼前的他，藏蓝牛仔裤、白色运动球鞋、浅灰衬衫，一切简单到无以复加。

他青春勃发的面庞有着掩饰不住的神采飞扬。言谈间甚至流露出少年人特有的天真，一副全然不曾沾染世故的模样。那样的天真发自内心，如他的俊朗外貌，浑然天成。

侃侃而谈，他很开朗，聊到开心处会爆笑不止，于是身边人也陪他一起大笑。依旧像个被宠坏的大男孩，一直处在high的状态。

谈不上大相径庭，至少他的出现让人多少有些意外。

如果一个人曾在青春年少的锦瑟年华突然遭遇生命中的诸多寒潮袭来，并且这种袭击是如此严酷而猛烈，他将何以为继？

在我的臆想里，陈晓东至少应该以如下姿态出现：

轻度忧郁、淡然悲伤、自闭、寡言罕语、惜字如金，呈现一种病态的美……或者，至少像他在《倩女幽魂》里幽幽地唱的那样，"人生/梦如路长/让那风霜留脸上"。

可他的面庞光洁，完好无瑕疵，没有丝毫风霜印痕。

且看他潇洒淡定，熟稔地点起一根烟，猛吸一口。身子往后微仰，腿跷起来，极舒服的样子。

"我已经学会了调整自己,让自己随时放松。"他将烟雾缓缓吐出,云淡风轻。那短暂的一刻,似乎才透露出这个风一样的男子内心的某些隐秘。

不要被不必要的事情打扰

"有时候站在人群中/有种不完整感受/渴望你温柔/有时候因为你沉默/有种不安的软弱/朝你伸出手/两人爱情的途中/多少探索的困惑/模糊了初想的结果……"

我希望聊他的新唱片,他却自得其乐地和我讲他自己买的第一张唱片。

30块港币——他一个礼拜的零花钱,原本用来去尖沙咀打电动游戏,可是他看到了张国荣的《STAND BY》的MTV,小小年纪的陈晓东居然为之所动,感觉到什么是兴奋。"那是一张黑胶唱片,但不是全然的黑,而是一个特别的收藏版,做成透明的红色或绿色,很漂亮。"

孰料,阴差阳错,拿回家去,才知道买到的并非是《STAND BY》,而是刚刚流行的《HOT SUMMER》。

若干年以前的事情,陈晓东记得清清楚楚。不曾料想的是他人生的起落,风光与失意,璀璨与落寞,从此都将与一个叫"音乐"的名词连在一起。

《打开天空》《情有独钟》《风一样的男子》……从出道伊始到现在,短短10年间先后发行28张专辑,令人叹为观止。年纪轻轻时,他便跻身香港偶像歌手行列,风光一时无两。这一路"青春偶像"的路线走得稳稳当当。

"一般人不会相信长得太好的人会唱歌,如果一个人的样子已经很吸引人,那么人们会认为他一定是徒有其表的'样品屋'。"陈晓东笑,"可是,我问你,没有实力的人,怎么会'偶像'起来?完全没有魅力的人,怎么会吸引别人的关注?"

只是陈晓东也承认,当歌坛个性风猛刮,乐坛流行小众市场,对不甘只做漂亮宝贝而希望大家认同其创作才能的陈晓东而言，漂亮外表顿时成为陷阱。

而在那些情歌里，他总是以最相近的姿态出现：唯美、深情、温文尔雅。他的歌曲也总是无一例外地丰富细腻，忧愁婉约——为情所困、为情所痴，不远离人间烟火，又身陷爱情的诡异不能自拔。他的歌仿佛飘荡着淡淡的烦恼，无从挥去。真实的陈晓东却并非如此，"我其实是非常神经的……"他大笑着如是解释。

模式化的定位令他也曾变得有些倦怠。"我一度在香港和台湾工作，一年即发两张唱片，很是机械。"他轻微感叹，"那几年就像是机器一样，我厌倦了，媒体曝光率也一落千丈……"谈起当年的心情低落，陈晓东一扫嘻哈形象，眉宇紧锁，仿佛昨日重现。

他的境况得以改变，直到遇到张亚东。

"他是一位如此好的制作人，他对我有很多别人不曾有过的想法，激发了我要做一些不同音乐的灵感……"陈晓东的感激之情溢于言表，又恢复了他孩子般单纯的天性。"他对我来讲仿佛一个奇迹的出现。我入行这么久，终于碰到一个这么鼓励我的人。我回到饭店后不停地哭，不停地哭，翻来覆去地跑到厕所，跑到客厅，哭了整整一个多小时……"

那些日子，北京一直不曾下过雨，而那天不但下雨甚至还下起了雹子。"我刚坐计程车，突然间下起冰雹来了，有一颗还打在我身上，对我的震撼很大。"他强调，"事情的发生，就像是奇迹。"

即便在不曾发新唱片的时候，陈晓东也不曾停止过对自己的"修炼"。"我听了很多东西，比如电子、PUNK、TRIP-HOP元素的，再比如BT，还有一些DJ、欧肯福德、TIESTO等，当然，从我个人的角度出发，我希望有佛教音乐方面的尝试。"

"我觉得在什么时候都会有压力，很多时候都是看自己如何去平衡。在做新人的时候会有新人的压力，到了另外的阶段，会有另外的问题。现在我整个人会比较平静，不会因为一些外在的东西而受干扰。我希望自己能更关注于自己的工作本身，比如情歌，比如拍戏，都是我喜欢的东西，不要被不必要的事情打扰。"

日前刚刚花落内地某娱乐公司的他，看上去心情却是有些复杂："有时觉得自己离这个舞台很遥远了，不知道怎么样才能算是一张比较好的唱片，但无论怎样先做了再说吧。"

"现在是重新起步吗？"

"不是重新起步，对我来说每一天都是重新开始。每一个人都希望自己做到最好，但我对自己并没有一个固定的期许值，也不希望给自己挂什么名号，我觉得那样会很无聊。"

直到再度问到一个比较轻松的问题，陈晓东又回归到轻松表情："出门旅行的时候，我会把能带的唱片都带上，但是最适合旅行听的唱片还是STING，吉他音效做得非常好，我还喜欢听一些电子音乐，比如说MADONNA的东西也非常好。MTR WAIS帮她做的东西我也很喜欢，因为那种音乐不是真实的，所以一定需要某一个场景才会配合，去法国的时候我刚买了BOYSOPP的唱片，感觉也不错。"

陈晓东曾多次去过云南大理，古城附近一个叫"鬼佬街"（洋人街）的地方令他印象深刻。街里有一个女孩子开的店面，他每次习惯去买一些CD，其中也有很多印度音乐，喜欢旅行的他颇为神往。

"你不是/我一切/你只是蝴蝶/偶尔飞过我孤独的长夜/爱不是/我一切/可是要跟你告别/整个城市的灯都熄灭……

"《倩女幽魂》这部戏里有不少感人的地方，在正邪之间取舍一段爱情，这段爱情有很多阻碍，我们为爱情作了很多牺牲。我觉得聂小倩和宁采臣的爱情像电影《泰坦尼克号》，跨越时空。宁采臣第一次碰到小倩时便觉得要照顾她一生一世，义无反顾，在这部戏里从没改变过，这段爱情纯真而完美，虽然经历许多波折，但宁采臣从未有过放弃。"

满座静默。陈晓东似乎有些不好意思，呵呵一笑，顺手又拈起一根烟。

"你烟瘾好大！"我忍不住"赞叹"。

"这个千万别写！"他双手冲我作抱拳状，又粲然一笑，顺手将烟灰弹进桌上的黑色烟灰缸里。

《泰坦尼克号》里，杰克和露丝的爱情成为千古绝唱。戏外，却是陈晓东和昔日的爱侣张柏芝分道扬镳，各奔南北西东，徒留孔雀东南飞，五里一徘徊。"我与她的爱像《泰坦尼克号》一样，虽然已经沉了下去，但是那段感情我却已把它封存起来。我不知道她会不会记得一辈子，我想我会。"

时过境迁，这样坦荡的表白依旧令人悚然动容。眼下，张柏芝更是早已生子，陈晓东却是过尽千帆皆不是，一个人在尘世间飘荡。

"这段感情在我的生活里始终占着非常重要的位置。柏芝是一个重情的人，在我的记忆里，她一直以最好的样子存在。"对于曾陪自己走过一段人生路程的人，陈晓东心里多是情谊。

关于他当年和柏芝、柏芝和谢霆锋之间的恋爱关系，坊间早已众说纷纭。倘若再问，甚是无趣，不如顺势放弃。

"你相信刻骨铭心的感情只有一次吗？"他抬起头，明亮的眸子闪闪烁烁。"我不觉得，怎么会只有一次？每一次的感情都是真的啊！如果你认为爱情只有一次，那说明你还没有走出感情的阴影，但你要相信，总有一天你会再次陷入爱里。活在爱里的人生才会变得更加滋润，很难想象如果人一辈子只经历过一次爱情，而且还是失败的，那将是多么大的损失和遗憾。"

眼前的陈晓东穿越了爱情的层层迷雾和峰峦叠嶂，似乎变成了一个爱的布道者。

"正在恋爱吗？"

"如果我说自己没有在恋爱岂不是很奇怪？"

"想过结婚吗？过一种更安定的生活。"

"我只觉得自己还好小，心态还是很孩子气。有女人肯嫁给孩子气的男人吗？"

"怎么会？"

"像长不大的彼得·潘，没有安全感啊。"他开始卖弄自己的天真。

"追求女孩子对你来说应该是易如反掌？"

"你不是我，你怎么会知道？"他狡猾地反问。

"很简单，女人总会为外表所迷惑，况且你又年少多金。"

"并不是你所想象的那样。"

陈晓东笑言自己一恋爱就会全情进入状态，从这方面看，普天下男人和女人在恋爱时的智商都属于负数。"我曾经和一个女孩子在游艇上上演'YOU JUMP，I JUMP'。当时我拥着她在游艇的船头上整整坐了六个小时，彼此什么话都没有说，只是相拥而坐。那一刻却觉得是拥有了一切。不知过了多久，她问我会不会为她跳下海，我说你要跳我便跳，然后我们一起抱着跳进了海水里……"

周围的人不禁哈哈大笑。

"恋爱时我会因为太投入而变成傻瓜，但是，我愿意做这样的傻瓜。"他不理睬我们此起彼伏的笑声，认真地自我总结。

"如何看待one night stand（一夜情）？"问题刚一出口，我有些提心吊胆：既担心他暴怒而拂袖而去，又担心他会作道德说教。

"one night stand，道德上是不可以的，但其实……我想我是可以的。慢慢地我对爱情开始看通透了，没有什么是拍拖，也没有什么是分手，只有某一刻我跟某一个人曾经幸福快乐过……就只是这样了吧。"半晌，他幽幽地说，"而且，我不再认为爱上一个人就一定要天长地久。"

懂我的人自然懂，不懂我的人关我啥事

"人生是/梦的延长/梦里依稀/依稀有泪光/何从何去/你我心中方向/风悠悠在梦中轻叹/路和人茫茫……"

他长长地伸个懒腰，然后睁大了眼睛骨碌碌看着窗外发呆。

满屋子的沉默。

"人与人之间，难，局中有局，人算不如天算……我得到的结论是，事发的原因往往是你想也想不到的。但不可否认，每个人跟每个人之间的账……太不自量地想，实在容易不开心，但人不想还能怎样？我老早就应该多念点书，对我来说应该是分散注意力的一条出路。"

"有很多时候，大家骂我不出声，说出来的话其实是没有意义的，人没有动机又怎会去动？没有又怎会出声？没有其实就是有，有了没有，才有有的存在。这当然不是我想出来的道理。"

"当所有的东西都会变又都会死，我在干什么，我除了犯错误赶紧承认反省，除了离开不想待的地方，除了闭嘴，还可以做的就是用我自认为无限的精力去奋斗，然后笑骂由人。懂我的人自然懂，不懂我的人关我啥事。"

干脆，利落，甚至还语带双关，暗藏玄机。陈晓东的本我性格在他的博客上暴露无遗。

"当我小的时候，已经什么都有了，而后来，却是在失去，一个接一个失去。"

初出道便以才貌俱佳而风靡一时，再后来，遇到张柏芝，有了一段轰轰烈烈的"东芝恋"，洞房花烛夜，金榜题名时，宝马香车美女，更兼巨大声誉，顷刻间都被陈晓东占尽。

孰料，好时光总是短暂。恋情宣告破产，曾经的恩师反目，侧目而视，遭遇公司雪藏，经纪人跳楼自杀……顿时流言蜚语缠身，一系列负面消息接踵而至。

媒体更不时对之冷嘲热讽，雪上加霜。批评他的新闻不断：虚伪，扮大牌，摄石人（意为好抢镜，出风头）……

他经历了自己人生的黑暗期。

"曾经有两年的时间，我将白天当成了黑夜，黑夜当成了白天。眼睁睁看着窗外，脑子里一片空白。那时，我已厌倦了这个世界，白天就只想睡觉，晚上出席活动就像行尸走肉。你说我假吗？我更假给你看！"

而在香港，别人更是视他为外星人。没有掌声，没有朋友，站上台唱歌，别人当他透明，他则根本觉得自己是在现眼。

他一遍遍地在心里问自己：自己究竟是否适合这一行？几乎活在了精神崩溃的边缘。

"我们做艺人的可控制范围很小，唯一能做的就只是表现自己。而这发生在我身上的种种，令我受到很大冲击。以前的我，初入行时以为一个人可以去改变世界，去改变娱乐圈的游戏规则。是我太天真了。"他更坦言自己是一个信命的人，"过去我常常问，发生的那些事是上天给我的惩罚，还是令我成长的礼物？一切在冥冥中似乎都已经注定。"

而现在讲起种种过去，陈晓东不会加以渲染或藻饰："它们都远远地过去了，而生活还在继续。除了在心里留下一些痕迹，我都不会再拿出来细数。伤疤也好，财富也好，就让它待在那里好了。"

原来，某些所谓"阅历"，会残酷得让人窒息。然而，那些生命中的沟坎，无论如何是绕不过去的。而我们又总是低估了成熟的难度，高估了自己。

"成熟"远不是"快熟"。

"起伏这东西是别人说的，你认为我很好的时候，可能我心里觉得不是很好，反而会很空；我很不好的时候，你说我很不好，但我因为这些事情学到了更多，对我的人生有了更多了解。其实，这些年风风雨雨，我并没有觉得自己缺少什么。"

也许确乎如此，也许未必如此。但是，究竟是什么样，who care？

人生不过是一场演出，有无观众都要谢幕。

邓 超

最好的时光

  邓超的走红，在喧嚣纷纭的娱乐圈，不能不说是个奇迹。

  《少年包青天》《幸福像花儿一样》《少年天子》《少年康熙》《甜蜜蜜》……从出道伊始到现在，也不过短短几年时间。他由最初的默默无闻，而跃然至目前国内当红一线小生的行列。没有绯闻，不曾有过炒作，面容外形固然潇洒英俊，但亦并非如何辉煌夺目，这个最初曾以话剧舞台为理想伊甸园的新生代小生，靠着一个接一个打动人心的角色和扎实的演技，成就了作为演员的自己。

  每个人皆有其成功之道。然而，他否认自己已经取得了所谓的"成功"。"我所期待的，应该远远大乎于此。"似是半开玩笑半当真，骨子里却透着一股咄咄逼人的自信。那样的一种自信你甚至可以称之为是一种有节制的"霸气"。

  自古英雄出少年。从来都是如此。

不再抱怨，你要做的只是坚持你自己，以及坚持到你所能坚持的程度

采访邓超时，他正忙于某电影的宣传。

成都、西安、广州、上海……满世界地飞，疲劳却似乎未曾在他身上留下丝毫印痕。

他热情地同在场的每一个人打招呼，甚至逐一耐心询问对方的名字，小心翼翼地重复，令每个人都备感尊重。这委实是不多见的。他脸上的笑意真可用"灿烂"一词来形容。邓超满面的喜气与端然，令人联想到他的心无城府与单纯。而娱乐圈向来有虚荣的名利场之称，有时真假莫辨，机关层叠，玄机重重。邓超却全然以简单之心对待，且游刃有余于其中，倒也应了一句话：以不变应万变。这理应是上上策。

浓眉，大眼，双目炯炯，性格豪放，眼前的邓超给人一种浩然之气。他径自在化妆台前坐下，与相熟的化妆师絮絮聊天。时而低低细语，时而爽声大笑，俨然一副性情中人的模样。

换服装，拍摄，移步换景。闪亮的葡萄酒酒窖内，他肩扛一把大提琴，恍若品位高雅的艺术家，笑意流淌；端坐于桌前，头部略略低下，仿佛在思考人生哲理；而当他不经意地回眸的刹那，眼角又分明流露出了一丝无缘由的迷惘——"我本身是一个很悲观的人。"他曾说。

池中，红色与白色的锦鳞在清水中游弋，身形飘逸而富于灵感；音乐由法国香颂转至邓超最爱的美国乡村音乐，继而是不知名的轻轻吟唱……终于可以坐下来与邓超聊天采访。夕阳的余晖透过宽大敞亮的玻璃窗照射进来，邓超坐在松软的沙发上，点起一根烟，轻轻吸一口，又缓缓吐出，极享受的样子。

对他来说，这是一个宁静放松的时刻。浮生如梦，偷得半日闲。人生至乐，莫过于此。

"明星有很多种，或者说艺人有很多种，我觉得最根本的，还是相由心生，不管是角色，还是艺人自己。"

邓超初出道进入娱乐江湖，也不过是短短几年时间。

虽然只是几年，人的命运起伏却就此发生了变化，如波澜起伏。他的近乎飞速上升，有目共睹。

"其实我最初的时候，设想自己会上升更快，知名度会更大，有更大的公众影响力。"他毫不掩饰自己的勃勃野心。"我对艺术的专注度跟现在不太一样，会走得比较偏，比较另类，或者，怎么说呢？……"他停顿，稍加思忖，"我会在舞台上，在那个空间呼吸会和在别的空间呼吸不太一样，我不会让所谓的什么浮躁靠近我，否则，艺术会不纯粹。"

"我慢慢在改变这个想法……""是变得更现实吗？"他不理会我的发问，只说下去，"在中戏的时候，我的梦想就是电影舞台和戏剧舞台，从未考虑过演电视剧，"他注视着我，"挺狂妄的。"

如邓超自己所说，"命运终不由自己掌控"，他最初漠然视之的，却给他带来了巨大声名。"命运"与"运命"只是顺序的颠倒，却是两种不同的人生观。"我已经学会了不再怨天尤人，不再抱怨，你要做的只是坚持你自己，以及坚持到你所能坚持的程度。"

"我喜欢演戏时的'半疯癫'状态，"他淡然一笑，"它不只是一份工作，而是给我提供各种能量，令我受益颇多。"顺治皇帝、白杨、雷雷、钻石王老五、赵二斗……他如数家珍般历数自己的角色。

邓超演戏，向来入戏颇深。扮演顺治皇帝这一角色，更是长达一年的时间陷在消极情绪中无法自拔。每一部戏在演完时都令他万分懊恼，他要与另外一个"自己"告别，而且不会再重逢。他笑言直到下一个新角色的诞生，自己才会从旧日角色阴影中走出。

《幸福像花儿一样》中的白杨为他带来积极，《集结号》中的赵二斗则令他感悟为自由而奋斗的宝贵，《钻石王老五的艰难爱情》中的孟皓拥有家财万贯，堪称极品男人：事业成功，品位高雅，唯独爱情却不尽如人意。

"半疯癫"地演戏令邓超受到一致认可与追捧,他却坦言这曾严重影响过自己的生活。"现在我会把演戏和生活分得很开,而且生活越来越有规律。"

"身在演艺圈,要时刻调整自己。"他脸上露出少见的老练的神情,"明星有很多种,或者说艺人有很多种,我觉得最根本的,还是相由心生,不管是角色,还是艺人自己。"他吸一口烟,"有时,我真希望邓超就只是邓超,拍戏是我的工作,其他的都与我没关系……"他摇摇头,似乎自己也知道这基本不可能。

"比如偷拍,其实没必要嘛!或者你打个招呼,拍就完了吧!没必要偷拍,那个'界'没必要去逾越……"他睁大眼睛,一副完全不解其中缘故的无辜模样。

"对于自己的生活被干扰,你是在慢慢习惯接受还是……"我的问题刚一出口,已被他抢先打断:"你没法不接受吧!"言毕,他笑着补充,"但心里还是会觉得不舒服。"

"现在一切都是阶段性的,也许我真会把自己彻底否定掉,但那是明天的事情。今天说的,一定代表今天的邓超。"

乱花渐欲迷人眼。邓超坦承,知名度骤然提升,自己的心态也曾迷失。

"因为我们原本都是在这种正常的生活轨道上行走的,"他打了个手势,"但是,突然你发现轨道变了……我也是凡夫俗子,仿佛一下子被眼前炫目的灯光刺得睁不开眼。"

仿佛星云爆炸般,所有的美好事情接踵而至,访问,通告,更多的宣传,更多的戏,那样的一段经历近乎茫然,甚至手足无措。

"我很感谢我的朋友,"他接了一个电话,几句话后,便将黑色磨砂质地的NOKIA手机挂掉,继续我们的聊天。作家吴涛(白眉)和宁财神(邓超亲昵地称之为"财神")"他们很智慧,很宽容,在我刚刚崭露头角的时候,很是自我,即便谈话时也希望大家都听我的,"他笑了笑,似乎有些不好意思,"一堆人坐着聊天,我会不由分说打断他们,我来说,表现欲超强!于是大家都很善良地作出回应,其实那些事情我已经说过无数遍了,但是那个时候我很需要别人认可我……认可我的才华,我的想法,天南海北地聊戏,聊艺术……现在想想,怎么会那么愚蠢!"他呵呵笑,手腕上的银色手链随之摇晃,烁烁发光。

"他们现在会告诉我,超儿,那个时候我们不想打击你的自信心……他们了解我的个性,知道我不爱听批评指责的话,只想听到他们的鼓励和肯定,也许那时我还没有做到真正的自信,"他略略沉思,"他们会委婉地告诉我,超儿,你最近有些浮躁,接受某次电视采访时你说的哪句话欠妥当,可以再多考虑一下。"

聊至此,邓超的语气变得异常深沉,语调也变得相应缓慢下来。少年人般的面庞上增添了一丝成熟之气。"作家刘恒老师也是我的朋友,我很崇拜他,我一直在想,寻常人怎么可以用圣人一样的准则要求自己?他会给我这种感觉。每次见他,我都会觉得很紧张,如履薄冰。""为什么?"我好奇地问道。"他太慈祥了,有一种气场和光芒存在着……"

甚而,潘虹、邬倩倩……在演完戏后都变成了邓超的良师益友。

"就像一个矿,我真的想在年轻时多开采一些东西,但是刘恒老师告诉我,你不要着急,慢慢挖,细水方能长流,我在慢慢体会他的意思。人的力量,在某个阶段需要骤然展现出来;但是,有时,能量也是需要隐藏的。"

我们的谈话不缓不疾地进行。"我心里的力量感有时好像会随时溢出来,但有时又会如绵羊般软弱无力,无病呻吟,或者彻底绝望,彻底否认自己,觉得自己一切都是不成功的,"他摇摇头,"很分裂!"

"水瓶座有分裂性格吗?""跟我的血型有关,我是水瓶座A型血,A型血的人性情会比较不稳定。"他如是剖析自己。

"现在一切都是阶段性的,也许我真会把自己彻底否定掉,但那是明天的事情。今天说的,一定代表今天的邓超。"

享受生活可以往后放一下，特别是男人，应该有闯劲儿

"爱情不是讨价还价，通过很多琐碎的事情，你看到爱情的细碎光芒。它是这个世界上为数不多的仅存美好。"

"压力不会像原来那么大，但是依然存在。你已经慢慢学会适应找到其中的节奏，而且，很多压力都是自己给的吧，年轻人要保持一股闯劲儿，这段时光可能是最好的，享受生活可以往后放一下，特别是男人，应该有闯劲儿，这个很重要。"

"当我特别想闲下来的时候，我会问自己你究竟得到了多少？得到了很多，比常人多得多。"

于他，生活中的快乐也如此简单。打篮球，那能令他彻底放松。篮球与演戏在他看来有共同之处，那就是游戏的心态。"游戏带来愉悦，带来忘记，能够忘记一切而去忘情地去做一件事情，再美好不过了。"喜欢去海边感受海的博大与自我的渺小，"只有在海边人才会感受到自己的渺小，我真的很重要吗？不是。"他摇头。他去土耳其，看欧亚大陆桥，异域风情，长袍裹身的阿拉伯人，小巷悠长，时光似乎亘古如此，不曾变换过，恍若阿拉伯神话里的《一千零一夜》，海边的钓鱼老头随乐起舞，他感受到了无处不在的快乐。

执子之手，与子偕老。还有什么能比爱情更能令人愉悦呢？

"爱情是这个世界上为数不多的仅存美好。"邓超轻微喟叹。

"在那一刻你是无私的，在付出的那一刻我特别享受。"他双手抱头，靠在沙发上，阳光为他的面庞镀上一层漂亮的金色。

"爱情不是要求，如果有要求，爱情便已经变质。说爱很容易，但是做起来很难。怎么都可以，只要你好。爱情是无保留的。"

言谈间，不难发现邓超是不折不扣的爱情理想主义者。偶尔伤感，唯美，喜欢让阳光晃着眼睛，喜欢看到落叶在雨中飘零。

"爱情不是讨价还价，通过很多琐碎的事情，你看到爱情的细碎光芒。"

"抛开孙俪的知名光环,你为什么觉得这个女孩子将来可以做老婆?"听了他絮絮的爱情观,我索性单刀直入。

他笑:"因为她确实不像这个圈子里的人。"

邓超眼里,孙俪的生活极其普通,近乎朴实。而这种朴实,正是邓超所看重并视为珍贵的。"她在一定程度上,对普通人的生活要求比我更苛刻,演艺是我的工作,我的家庭和生活一定是我的。"

"按时睡觉,不去泡夜场,上街买菜,自己缝衣服,做小东西,很有生活情趣,而且善良而孝顺。"言至此,他笑,"有些像朝九晚五的上班族。司机出了车祸,孙俪甚至做了一个捐款箱,号召大家捐款,那时我们还没好。"

两人收养了一只名叫"叶子"的白色西施犬,孙俪买了一车的狗粮送给收养流浪动物的人。

两人在一起轧马路,手拉手穿过一道道街衢;在路边小摊吃桂林的米粉,物美价廉,是两人的最爱。一起去运动,约好时间去练瑜伽,"瑜伽可以让你的心灵沉静下来,我们身边的事物发展太快了,让人不知何去何从。"他甚至力劝我去练习瑜伽,"你一定会喜欢。"

两人都不是名牌的拥趸,日常生活中的服饰以简约、实用为主,邓超此刻身上穿的一件浅灰色T恤衫,正是孙俪去欧洲时为他买回来的。时尚而设计简单,却并非声名显赫的国际大品牌,甚至还称不上是品牌。"是她从超市里买来的。"言语间,自是有着掩饰不住的爱意。"我们已经被宠爱太多,拍杂志,出席活动,都有赞助,生活中,还是希望回归自己。"

我们以为那些古典的爱情已经渐行渐远,其实它依然存在。

而那些最美好的时光,也一直会流传下去。自这个初秋的午后伊始。

段奕宏
生活是一场华丽的冒险

"名气大未必优秀,优秀的人未必成功。即便你侥幸成功,时间也不会长久。最重要的是武装你自己,至少我是永远跟自己比,只要有提高,我觉得自己就有成长。而对于男演员来说,时间和经历的打磨尤其重要。你曾经吃过的苦,经历过的磨难,这对于人的心志,都是一种成长。"

《士兵突击》里的袁朗令段奕宏一夜之间红遍大江南北，无数人将他奉为新派男性偶像：没有摄人魂魄的抢眼外形，却有着挥之不去的坚毅内涵。《我的团长我的团》则又迅速让他获得极大的声望，尽管人们对剧中龙文章这一角色褒贬不一，对他的扮演者段奕宏则体现出了空前一致的认可，极尽赞美之辞。从默默无闻的小卒子，到知名度如日中天，段奕宏坦言，自己喜欢享受这个蜕变的过程，而生活于他，亦不啻是一场华丽的冒险，他始终在力求寻找自己生活的可能性。

伊宁：梦开始的地方

"梦想之所以是梦想，在于它给人提供了一种虚荣心。"

在准备当演员之前，段奕宏的梦想是当飞行员。他家的不远处，有一个飞机场，那也是伊宁市唯一的一个飞机场。而当自卫反击战的时候，他又憧憬着做一名军人。

至于萌发当演员的想法，甚至还是在他读小学时。那时，他唯一的消遣是看电影。走上演艺之路，完全是凭着自己的兴趣和爱好。

固然是时过境迁，段奕宏也依旧清晰记得自己当年从伊宁来到北京寻梦的情景。

仅从伊宁到乌鲁木齐，便有740余公里的长路，路况极差，坐夜班车一路颠簸，至少也得需要24个小时。而从乌鲁木齐到北京路途更是遥远，坐火车要78个小时，几乎是四天三夜。

事实上，已经长到19岁的段奕宏，甚至从来不曾踏出过伊宁市半步。

带着简单的行李，他缩在火车座位的一角，车厢里弥漫着各种复杂的味道。车轮滚滚，他透过厚厚的车窗玻璃看远处的天山山峦和转瞬即逝的白杨树。近处的戈壁滩上，只有几株胡杨树，在怒吼的狂风里傲然伫立。虽然是一个人，却没有觉到一丝孤单和恐慌，内心洋溢着的是无尽喜悦。

"火车每向前开一步，我知道，离自己的梦想就靠近了一步。坐上从伊宁出发的班车，离乌鲁木齐近了；到了乌鲁木齐，离北京近了；坐上去北京的火车，离我想去的中央戏剧学院近了。"这种心理在支撑着他，让他忘却了一路的艰辛和疲惫。

孤立无援、背井离乡地寻梦北京，孰料迎接他的却是一波三折。

坚持：是一种信仰

他连续考了三次，直到第三年才得以考中。

如果说第一次的失败还是投石问路，当第二次再面临失利的时候，段奕宏说他感受到了一种强烈的心理失落感。"人的本性就是这样，付出就想要得到回报。"

"我还是想来！"回忆过去，少了几分唏嘘，多的是眉宇间流露出的感慨。他已经认定了自己就属于这里：他在校园里徜徉，去排练厅，蹭进小剧场看演出，望着谈笑风生的学生，他站在如茵如冠的绿树下发呆。他最大的梦想，就是能在中戏的某一间教室里，堂而皇之地拥有属于自己的一张课桌。

他想给自己最后一次机会，而如何说服家人支持自己继续再去考一次，是个大问题。二试完之后，他又报名参加了一个短期的培训班，昂贵的住宿费和学费，几乎已经耗尽家里不多的积蓄。

最窘迫的时候，一天只吃一顿饭，连面都不舍得吃。"我都恨不得蹲在马路上能捡到一毛或者两毛钱，那个时候一个烧饼就是八分钱吧！"

但那个时候，段奕宏并不觉得自己如何困难，自己选择的东西，要敢于去面对和承受，也只能去承受。每坚持一天，拥有一张课桌的可能性就大一分。他如是默默劝勉自己。"我容易一根筋，家里人也从未想到过我能承受这么大的压力。我对他们也从来是只报喜，不报忧的。"

甚至在考取中戏之后，直到大学三年级之前，他的困窘状况一直持续。

磨难：成功的必经之路

放弃从来是容易胜过坚守的。尤其是对于段奕宏，对他负面的言论和劝导，从来就不绝于耳。

他不具备传统意义上的英俊。第一次来到北京，中戏的一个老师要去伊犁话剧团导一个戏，段奕宏听到消息，毛遂自荐，找上门去，那位老师端详他半天，最后摇摇头说："你还是别去考什么中戏，别学什么表演，赶紧去准备考个综合性大学，找份工作好了……"

面对别人的怀疑，他坦言自己难受过，也质疑甚至动摇过，但最后还是坚持了下来。经济困难时，他也不愿意放弃学业，没有机会演戏，无法赚到外快，他就去少年宫给孩子们上台词课，给日本留学生教授汉语，一小时能赚到几十块钱。

大学四年他也一直自卑，灰色情绪弥漫。不曾拍过一部戏，生活里好像没有丝毫光亮。别的同学忙忙碌碌，拍戏的拍戏，进剧组的进剧组，只有他一个"闲人"。

现在因为《士兵突击》成名之后，人们关心地问他心态有何变化。他笑："我知道自己是如何一步步走过来的，我不是一夜暴红，知道如何去控制自己的心态。"

"我是比较善于反省自己的。"段奕宏如是评价自己。一部一部戏开拍，正是因为看到了自己的不足，《刑警本色》之后，他毅然又返回到舞台上去锤炼自己，"一个好的演员，一定是底子厚而扎实的。"

"名气大未必优秀，优秀的人未必成功。即便你侥幸成功，时间也不会长久。最重要的是武装你自己，至少我是永远跟自己比，只要有提高，我觉得自己就有成长。

"而对于男演员来说，时间和经历的打磨尤其重要。你曾经吃过的苦，经历过的磨难，这对于人的心志，都是一种成长。"

拍完话剧，段奕宏又参与演出了王小帅的一部电影作品，然后又拍电视剧《记忆的证明》。每一种艺术形式，都有其吸引人之处。

影视表演与话剧表演互相渗透，令他的积淀愈加深厚。做好眼前的事情，机会也总是垂青于有准备的人。就像最初接拍《士兵突击》，"谁会想到会这么火爆呢？你还是凭着一种激情去做事情的。"他问我，又像是问自己。

毕竟，段奕宏的生活状态还是发生了改变。虽然如他所说，他一直在调整自己的心态，不让自己受到过多的干扰。盛名之下，人最容易迷失自己。此中道理，他深深懂得。

采访多了，参加的活动多了，他依旧不习惯推销自己。"度和分寸，我会把握。我毕竟不会完全靠着媒体的渲染铺垫去吹捧我自己，作为演员，还是要有自己的作品的。"

由之前纯粹的拍戏状态到愿意接受采访，抛头露面，对段奕宏来说，也是一个不小的转变。

同样与王宝强一样经历了诸多坎坷，会不会羡慕王宝强如今如日中天的声名？段奕宏正色道："我们更多的是关注他的优势，而不是说他的命真好。如果我真有嫉妒心，我可以通过各种方式得到我想要的。我是我们班最后一个拥有手机的，那又如何？在这方面，我相信自己，是你的，迟早都会看到。"

"而宝强比我们火，或者说比我们更有市场，那是他的路子。荣耀是能力的呈现，而非子虚乌有。"

在他看来，从来只有烂戏，没有烂人物或者烂角色。他更看重的是从中挖掘自己无限的可能性。"还年轻，为什么要害怕失败呢？"

而担任男主角，让他多了一份自信，但他从来不会沾沾自喜，更多的是诚惶诚恐。"我必须成为核心，做好准备的功课，这才是最重要的。"

生活：一个人的冒险

拍戏之余，段奕宏的爱好是泡健身房。演戏是相当消耗体能的事情，尤其是话剧，演孟京辉《恋爱的犀牛》的时候，他在舞台上又蹦又跑，没有好的体能会吃不消。

阅读是他的最爱，人物传记，或者是历史题材的小说。与张译不同，段奕宏不喜欢猫，而是喜欢狗，但更偏向于一些大型狗：黑贝、雪橇或者是藏獒……

生活中有相对固定的朋友，聊天时增长见识，朋友们好安静，会举办家庭派对。现在，段奕宏说自己慢慢爱上了旅游，同朋友们去旅行，也是他放松的方式。

他强调："作为一个男人，你必须明白，不能太固执地只做一件事情。"

而冒险，则是另外一种可能。

日前，段奕宏受邀参加Discovery《荒野求生》北京发布会，(Man VS Wild)作为Discovery目前最畅销的纪实真人秀节目之一，《荒野求生》已经拍摄到第五季，在每一集的《荒野求生秘技》中，节目主持人兼探险家贝尔·吉罗斯都会将自己困于一处荒僻野外、空降到热带雨林、沿绳滑下至沙漠和湖泊，以及登上美洲最高和最荒原的山顶。置身于真实的环境中，贝尔会利用其专业的求生技术，设法逃离险境，努力求存。过去的冒险地包括哥斯达黎加雨林、撒哈拉沙漠、基拉维厄火山、非洲草原等地。今年9月，该节目将来中国拍摄特辑。届时，贝尔·吉罗斯也将亲赴中国，身赴最险恶的环境取景拍摄，完成一次不可思议的求生之旅。

段奕宏畅谈自己对冒险精神的理解："每个人的内心都有渴望安静与渴望冒险的一面，不拍戏的时候，我喜欢宅在家里，但其实也有渴望冒险的冲动。"他更坦言，其实，自己在拍戏时也会吃很多苦，譬如拍战争剧时去荒地和丛林也会面临一些险情，他笑，"但是没有真正体验过那样险象环生的滋味，真的很想与贝尔合作，参与这部中国特辑的制作。"

对这个外表沉静、内心强悍的男人来说，冒险的基因其实一直流淌在他的血液里，而生活于他，又何尝不是一场华丽的冒险？

追寻生命的无限可能

娱乐圈是一个大染缸吗？这是人们最津津乐道的问题。他们根据媒体捕风捉影般的报道，猜测、揣度，然后加以自己的想象与渲染，极尽绘影绘色之能事。

对于置身其中的人呢？大概又可用清者自清、浊者自浊来为自己诠释或辩解。

而对于置身事外者，则一切都令人捉摸不清，难以参透其中禅机。

换而言之，范冰冰是内地娱乐圈的一个异数吗？从无名丫鬟到国际电影节的影后，从亦褒亦贬的"花瓶"到令人敬畏尊重的"范爷"，她为自己的生命创造了无限可能。当然，围绕着她的，亦是各种版本的流言。

英国著名传记作家安德鲁·莫顿在谈及麦当娜时曾说："她绝非一个普通的名人。"他进一步为自己的这句话作出了一个极佳的注解："凭借冒险精神、创造力和活力，令她成为自己。"

这句话，亦同样适用于范冰冰——一个隐藏在倾国倾城的绝色容颜下、坚持自己并始终勇于前行的范冰冰。

漂亮的演员一样会演戏

2011年3月，东京电影节上，范冰冰凭借电影《观音山》，勇夺东京电影节桂冠，为自己摘取了人生中最重要的一座奖杯。至此，她可以对那些喜欢嘲笑自己为"花瓶"、认为她缺乏演技的人狠狠挥戈一击了。

但她只是淡然一笑。一笑泯恩仇，足矣。这是大智慧。

作为女明星，最经典的前辈"花瓶"，莫过于香港的李嘉欣。凭借魔鬼身材与天使容貌，她做了半生的"花瓶"，然后顺畅嫁入豪门，摇身变为贵妇，成为无数后辈"花瓶"艳羡的对象。

可惜，李嘉欣只有一个。

或者说，范冰冰不是李嘉欣。——她曾向世人放出豪言："我就是豪门。"性情豪放如男人，言语铿锵，如金属般掷地有声。

于是，你也可以理解，这样一个外表柔弱纤细、内心刚硬的女孩子，怎么会只是甘心镜头前充当一个无足轻重的摆设。

初出道时拍摄的《还珠格格》，令她一举成名，当然还有后来的《手机》，暂且不表。后来的《麦田》以及《赵氏孤儿》里，皆是可有可无的角色。对这样漂亮的女演员，男性导演自有他们的审美与价值取向。——她只需要漂漂亮亮地出场，头顶乌云压城般的云鬓，穿金戴银，坐在象征权贵与势力的马车里，或者深宅大院中，仆从如云，一呼百诺。——最多需要她在金黄麦田中象征性地奔跑几步，或者死后假模假样地倒在自家的花园里，也依旧保持着优美的姿势。

"很多人请我演同样的角色，大家闺秀，王公贵族，上流名媛，仪态万方的美人儿……我猜他们是为了保险，因为可能在很多人心目中，我就是这样的人。"她曾如是说。

——这样就够了。她不必深刻，不必像张曼玉那样穿着旗袍，情绪一波三折。也不必像马里昂·歌迪亚那样在《玫瑰人生》里，演绎一位女歌者跌宕起伏的人生。

完全不必。

——她演了无数个这样的角色，甚至有一年，几乎每部电影中你几乎都能看到她的身影。

她的曝光率极高，获得了极大的声名，尽管人们对她褒贬不一。

幸好还有李玉。女性导演李玉。

《苹果》是她们的首次合作。李玉把她从贵妇的捆绑中解放了出来，然后彻底把她打入最底层，让她去演一个洗脚妹。洗脚妹之于范冰冰，仿佛风马牛不相及，所有的男性导演不会这么想，也不敢这么想。在他们眼里和心里，她永远是"高贵的、妩媚的"。

"她叫我亲手把花瓶打碎，所以从这个意义上讲，她是最懂我的人。"范冰冰说，"从《苹果》开始，李玉用的就是一种不喊停的拍摄方式，完全放手让我去表演，刚开始我有点慌张，到了《观音山》，我觉得我就懂了，开始享受跟镜头谈恋爱的感觉。"

每个演员都在寻找那个"懂自己的人"，譬如曾经的巩俐之于张艺谋，赵涛之于贾樟柯，汤唯之于李安。

找到了，便是演员的一大幸运；找不到，也是命运。

就此而言，范冰冰无疑是幸运的。"很早以前别人说我是'花瓶'，我就说会一直优雅地做下去，这是我嘴上说的，我嘴很硬。但我心里不是这样认同的。从获奖开始会改写历史，证明漂亮的演员一样会演戏。"

一个人的江湖闯荡

还是麦当娜，初到纽约时，野心勃勃的麦当娜曾对自己的好朋友说："早晚有一天我要拥有这座城市。"——那时，她还在刚到纽约的夜车里，籍籍无名，神情却已是宛如新世界的主宰者。

范冰冰呢？高中遭遇一场车祸，与高考失之交臂。她兀自一个人跑到大上海，凭一支长笛和自己的灵性，考入谢晋的艺术学校。全然的自作主张。

　　她已经作好了准备，与过去告别。打破模子，并塑造一个崭新的自己。

　　她当然也曾跑过剧组，接过类似拍摄MTV的活儿，以及所有现在看来小到不起眼的事情。来到北京，她的妈妈每月只给她400元钱，往往到月中钱就花光了。——这样做的目的，无非是把她逼回山东去。有一段时间，她每天只吃一顿饭，每次是一碗廉价的山西刀削面。"有几次我躺在床上，明天那碗刀削面的钱都没有了。但我运气好，往往这时会接到电话，有个小活儿，赚个五六百块钱，又能过一个月。"

　　回忆起过去，她的语气云淡风轻。仿佛谈论的不是自己，而只是一个与她同名同姓的范姓演员。

　　任何坚忍的奋斗都是这样悲壮地开始的。有饭吃，活下去，才是人生第一要义。在她的心里，住着一个出走的娜拉，她希望这个娜拉不要再回到过去。

　　身后的那扇门，一经关闭，便难以再打开了。

　　困难再大，也只有前行了。

　　接受采访时，她曾讲过一个细节，拍摄《还珠格格》时，她曾经坐过一位演员空着的椅子。但副导演悄悄过来告诉她："冰冰，你要记住，永远不要坐别人名字的椅子，这是规矩。你可以找台阶坐，找木箱坐，在地上坐，但是不要坐别人的椅子。"

　　这当然是一个刺激。有名和无名，真的不一样。连对待一把椅子的态度，都尚且如此，何况对人。她记住了，这是规矩。

　　椅子事件后，范冰冰为自己作了一个决定：没有椅子，那就宁可不坐，宁可站着。是幼稚的倔强？是赌气？还是给自己发狠？没有人会想到，若干年后，这个在剧里叫金锁的丫头，后来会成为搅动中国娱乐半边天的"范爷"。而这个丫头自己大概也不曾料想到，在未来的某一天，自己的面孔会成为这个国家最为畅销也最具争议的面孔之一，杂志封面、海报、宣传画、电器、化妆品、珠宝、游戏机……甚至出现在美国时代广场的国家形象宣传片里，成为精英人物代表。

——成功的缘由当然很多，天时、地利外加人和。或许以上都对，但你不能不说，范冰冰对自己够狠。拍摄备受质疑的《麦田》时，胳膊、腿部都有擦伤，最后还是带伤拍戏。

永远宽恕自己，永远对自己得过且过的人，大概也永远不知道成功的滋味。

"我心里有些坚硬的东西。不了解的人觉得我很柔软，但我骨子里的性格比较硬朗。"没有强大的内心支撑，她也不会走到今天。

这是一种美丽的坚持。

最大的江湖，其实只在自己的心里。如果能成为自己心里的侠客，那么，你便可战胜全世界。

每个人都需要找到自己的位置

如下字眼或许会帮你构建另一个范冰冰的形象，当然，这也是她出现在大众前的永远的做派：LV春夏新款服装，烟熏妆，巴黎秀场，龙袍礼服，月光女神造型，卡地亚珠宝，绿色眼影和肉橘色的口红，宫廷古典盘发，品牌发布会，红地毯……

真实生活里的她又是什么样子呢？

在范冰冰的御用设计师柯文看来，范冰冰对一切事物都抱有好奇心，热衷于看一些时尚杂志，比如《Grazia》《VOGUE》，法国版《L'OFFICIEL》，以及街拍杂志《Street》等，喜欢逛小店，寻找大胆而富有新意的设计。

简而言之，她身上兼具女孩与女王的特性：小女孩般的好奇和冲动，热爱尝试新事物，善于从生活的琐碎中找到乐趣（这让我们觉得她并不是那么高不可攀）；同时，她又是烈焰红唇，烟视媚行，高高在上，仿佛不食人间烟火。

她自己开了工作室，同所有的大牌艺人一样，譬如李冰冰、周迅、陈坤等，从经纪公司的制约中跳离出来，自己签艺人，投资影视剧，借助资本之力，真正变身"范老板"。——她把这个归结于自己的梦想在"作祟"。"人应该做一些自己想做的东西。"她说，此前她看到一个好的故事，想把它弄成剧本，拍成片子，似乎是遥不可及的事情。但这对现在的她而言，则是轻而易举。过程或许辛苦，但是令她感觉有成就感。她的朋友都说她是有肩膀的人，意思是她会去承担责任和风险。在她心里面一直有男孩的个性，喜欢照顾别人，不害怕去承担。——这对她而言，早已是水到渠成的事情。

她于是总结自己的性格："一个人首先要认清自己，了解自己的能力范围，否则无论是执着还是好高骛远只能变作无用功。"她进而解释道，"有五分的能力去做十分的事情，或者说有十分的能力只做五分的事情，对我来说是不认真。我觉得自己的状态其实一直保持在一个线上，就是我希望自己有五分的能力就去做五分的事情，甚至努努力，去做好六分的事情。"

——毋庸置疑，最坏的时间对她而言，已经过去了。她对自己、对生活都有了不同的看法。在这些改变里，她迅速成长着。

郭富城
一切可以重新来过

　　入行颇久的郭富城当年凭一支电单车广告走红,俊朗的外形、湿漉漉的头发、极具杀伤力的迷离眼神和迷人笑容令整个台湾的少女为之倾倒。于是顺势推出唱片,跻身刘德华、张学友、黎明之列,并称"四大天王"。可惜娱乐圈的争斗向来是兵不血刃,天王并非惺惺相惜的好兄弟,而是各自争霸的诸侯,狼烟四起中,纷纷当仁不让地占据自己的江湖席位,郭富城的星路却一直低迷下去。流光飞转中,当同时代的男艺人已然扮相成熟,甚而转至沧桑,郭富城犹在无奈地兜售自己的无敌青春和性感。甚至每开新闻发布会,他必将衬衫纽扣解至第四颗,以性感健美的肌肉示人。香港著名娱乐人查小欣说,郭富城最大的问题,就是永远不服老。这固然是表明他的良好心态,可是这又何尝不是一种悲哀!

　　事易时移,在娱乐圈浮浮沉沉20余载的郭富城终在41岁时实现演艺生涯的飞跃,凭借《三岔口》和《父子》两度蝉联金马奖影帝桂冠,咸鱼翻身。这听起来有些像神话。他在接受一次采访时说,能不能保持长久青春并不重要,重要的是随时都可以有新的开始。

只是我很对不住父亲

他坐在化妆间的椅子上，神情看上去略略有些疲惫。

这也难怪，一连数日，他一直辗转于北京、罗马、东京、釜山、上海，跟随剧组马不停蹄地作影片《父子》的宣传。

他转过身来说："抱歉，我需要作短暂休息，再接受你的访问，只是几分钟。"

然后，他轻轻阖上眼睛，头微微向后仰，靠在椅背上。

这绝不是我"熟悉"的郭富城。

招贴画上，他梳着经典的四六开发型，头发分至两侧，露出光洁饱满的额头。眉毛堪称青芝黛黑，眼神明亮，似乎永远脉脉含情。按下录音机的PLAY键，是一个恋爱中的男生在低低吟唱："……我是不是该安静地走开，还是该勇敢留下来？我也不知道，那么多无奈，可不可以都重来……"——我对他的印象尚停留在十余年前。

眼前的他，青色的光头，依然是电影中的造型。浓密的发茬儿，正在争先恐后地生长。头顶隐然有一道淡淡的疤痕。面庞清瘦，已然退却年轻时的光泽，更多了成年男子的沉稳和疏朗。额头眼角有了细密的皱纹，大笑时，那些皱纹便兀自堆叠在一起，仿佛水面的波纹聚散。眼睛依旧是明亮的，只是那样的明亮，已迥异于年少的浅薄与单纯，多了一种穿透的坚定。心中有神，眼中方有光。一个人内心的自在力量，可以通过眼神传达出来，让他人感知。他的唇上，亦是一层浅浅的短髭。

绿色平绒西装，淡黄条纹衬衣，浅灰条绒长裤，黑皮鞋。无名指上戴一枚黑桃装饰银戒指，那是他一贯的爱物，走到哪里都要携带。

曾经是珠圆玉润、不谙世事的年轻男孩，历经跌宕，终于将自己修炼为成熟男人。

他睁开眼睛，仿佛注入水后的植物，瞬间恢复了生机。他说，我们开始。

"只是我很对不住父亲，他对我进入娱乐圈始终不肯承认，他一直把希望寄托在我的身上，希望我可以再度进入金融业，只是……我的父亲从来克制而斯文，不会将他的想法强加于我，但我明白他……"

郭富城自香港圣约瑟中学毕业，在父亲的引荐下在香港景福金行当小职员，父亲的意图是希望他去大金行吸收经验，以便自己有一天告老，可以替自己打理金行的事务，从而后继有人。"那一年我19岁，因为读书不好，这也是一种选择。"郭富城笑。

他说自己那时对娱乐圈没有任何幻想，父亲的金融出身，令他性格严谨，一直感觉娱乐圈并非清静之地，还是做金行来得最实在。

只是人生处处有变数，"我在朋友的一次聚会上逞强劈腿，当场受伤，痛得厉害……"于是第二天不得不住院，也丢掉了父亲为他辛苦找来的工作。命运总是峰回路转，就在他躺在病床上呻吟的时候，一位朋友擅作主张，替他报名参加无线电视台的舞蹈培训班。郭富城的人生轨迹就此改写。于是他就此涉足娱乐，转入无线艺员培训班，也演过数部电视剧，包括和刘德华合作的《神雕侠侣》，只是他欠缺后者的运气，从中扮演一个反派角色。露脸的镜头屈指可数，更多的是跑龙套，一跑即是六年。

也许命运女神也钟情人世间的漂亮男子，好运终于降临。一则只有30秒播出时间的广告，终于令他声名大振。广告中，他顶着一头形如蘑菇的秀发，带着忧郁的神情微笑。——这带有中性迷离的笑意暧昧不明，却直截了当地俘虏了每一个女人的芳心。她们情不自禁地为他痴狂。尖叫声里，宣告了一代天王的诞生。

只是，这样的"天王"似乎有些无趣：他永远排名在最后。人生就是一场比较的游戏，何况是在明争暗斗、名利如鱼龙翻滚的演艺圈。有些人对他的出现不屑一顾：郭富城凭什么会是"天王"？！他说，夜阑人静时，望着维多利亚港湾的明亮灯火他也会很沮丧。"可是每一个人的存在都有他的理由吧。就算不知道缘由，我也自有存在的价值！"

"只是我很对不住父亲，"他的神情终有些黯淡，"他对我进入娱乐圈始终不肯承认，尤其是我哥哥遭遇死亡后，他一直把希望寄托在我的身上，希望我可以再度进入金融业，只是……我的父亲从来克制而斯文，不会将他的想法强加于我，但我明白他……"他摇头，内心似是极度难过。

郭富城心中的父亲永远温情，"在完成功课后，会带着我和哥哥去街角的餐馆吃宵夜，通常是每人一碗热气腾腾的濑粉，那似乎分外的可口。"在父亲温暖的注视里，他们一口一口吃完，又在斑驳的夜色里，顺原路回去。——即便成名后，他依旧喜欢吃濑粉，那是对父亲最好的念想。

自己喜欢的人和事我会好好珍惜

"我相信自己的内里隐藏了一个机制，刻意把自己不喜欢、不想记住的事情，像垃圾那样处理掉，找也找不回！相反，自己喜欢的人和事我会好好珍惜。"

从跻身"四大天王"伊始，郭富城给人的印象是只会跳舞——即便是他的歌，也无不以"舞"为卖点。那个时候，没有人说他会演戏，这一点，郭富城自己也坦然承认。

《浪漫樱花》之后，郭富城的演唱事业进入低潮期。俊朗的形象被指为过于奶油和木讷，演技则干脆被毫不留情地指为"男花瓶"，——那个时代，漂亮的男人和漂亮的女人一样，最易受到形象的攻击，类似的受害者还有吴彦祖、金城武和汤姆·汉克斯。

那时，他的卖点是性感与健康。约见记者，开个唱，动辄刻意展示性感热辣的身体。当他讲话，无论声音如何铿锵有力，他的服饰如何名贵奢华，你还是会从他的眼神中找到些许的不自信。

关于他的报道，一度从来只是绯闻。名单冗长，从性感女神朱茵、钟丽缇、袁洁莹、姚正菁到日本的女优藤原纪香……从被传拍拖到订婚，他的人气也似乎只有借助于这些有始无终的"恋情"，得以维持。

从前，这些会让他不胜其烦。而今，当无端再被传"喜讯"，他已学会不嗔不怒。仿佛与己无关，高高挂起。"现实无人会有兴趣追究事情的真相，反正此事与我无关就好了。我这个人有很大的一个优点，就是善于忘记。不开心、不快乐的事情会自动删除，方便快捷的程度仅次于电脑鼠标，一拖一放，就把不要的文件删掉。""负面消息传出来的一刻，我当然要花点时间消化事件的始末，随后，我会跳离自己的立场审视一番，务必要删除的垃圾就delete！"

"我相信自己的内里隐藏了一个机制，刻意把自己不喜欢、不想记住的事情，像垃圾那样处理掉，找也找不回！相反，自己喜欢的人和事我会好好珍惜。"不惑之年的郭富城，终于有了一颗随遇而安达观的心。

他回忆起自己人气最旺时，曾受邀参加慈善演讲，与听众分享成功心得。那时他被问及，如何成为天王级歌手，他给出的答案是"勇气和积极"。"是的，我有勇气面对困难，克服挫折，我从来没想过要放弃自己，我甚至曾尝试'单只眼'排练舞蹈，以考查自己对舞蹈动作的熟练程度……"

"我永远都知道，到死，想学的东西也学不完。"

"其实老实讲，我没觉得自己有多红过。"他淡然说，是谦虚，还是现实之一种？只是，他从未放弃过努力。

时机未到，于是只有忍耐。箭在弦上，不得不发。

我渴望成为真正的演员

"三年前我就把偶像的包袱丢掉了。我告诉自己，不是音乐偶像，而是演员。我拍电影不是为了掌声，而是为了艺术。我渴望成为真正的演员！"

不管年龄多少，依旧被当作少女的偶像来经营。这是人在江湖、身不由己的无奈。这个依然打着"青春"招牌的老男人,也许有着不为人知的痛苦。

只是,他说,自己对音乐真的很热爱。

娱乐圈是个"长江后浪推前浪"的地方,郭富城却似乎笃定地自信:"像我这样在舞台上表演三个小时,又唱又跳仍能坚持下来的应该不多吧?"他开起了自己的玩笑,"我觉得自己现在非常年轻,只有三十几岁嘛!"

在郭富城的生活中,不断学习是门重要的功课。"不论唱歌、跳舞,还是演戏,都是如此。毕竟一个人要跟着时代的潮流走,才不会和社会脱节。"所以他称自己特别欣赏周杰伦的音乐,在国语新专辑,《MY NATIONAL 国度》里,也请周杰伦为他写了一首歌。"这首歌也应该是我歌曲变化的方向,对于歌手来说,一定要有自己的风格,我找到了自己音乐的方向。"

"我对舞台是不会放弃的,演唱会是我一生的梦想,我喜欢在舞台上的感觉,舞台是我舍不得放弃的工作。如果心态保持年轻的话,我相信我会在不同的时间绽放不同魅力!"

郭富城更坦言自己的"野心勃勃":"我觉得做人做事不能永远停留在一个阶段,诚然我之前一个阶段的成绩不错,但是之后都要作新尝试,以前可能是迎合人家,我希望以后是用自己的声音去影响大家。我觉得自己已经是一把打磨得完全锋利的尖刀,可以随心所欲地去砍斫任何一样东西!"

事实是,从2003年起,郭富城即计划40岁以后一定要卸下偶像的帽子,将工作重心转移至电影。刚一出手,便技惊四座,令人刮目相看。

去年陈木胜的电影《三岔口》里,他饰演一名悲情的警察,为了一段失踪10年的感情,执意查找追踪其中真相。他头发凌乱,衣着近乎破旧肮脏,整个人没有生气和活力,完全迥异于以往的阳光形象,脱离了任何偶像的影子。郭富城肝肠寸断地流泪投入,打动了观众的心。最终,他击败《黑社会》中的梁家辉获得当年的金马影帝。时隔不久,在最新影片《父子》中,郭富城更是放下"靓仔"身段,倾情演绎一个粗鲁的厨师,一个"万恶"的父亲:未婚先有子,滥赌成性,为了生活教唆儿子偷盗,拉皮条赚女人的卖身钱……为了表现片中社会最底层人的生活方式,郭富城改掉了文质彬彬的说话方式,开始讲"粗口",平时的行为向赌徒靠近,重新吸上了戒掉了12年的烟……连曾志伟都忍不住夸奖他:"发音都带有马来西亚的乡土方言口音,非常难得。"

回忆起拍片的辛苦,郭富城感叹地说:"这场戏全程在马来西亚的一个小镇上拍摄,我在那儿待了半年。每天的生活就在酒店和片场之间度过。那段时间,就觉得自己是片中的父亲……"影片的灰暗基调,"逃跑的妻子""艰难的生活",甚至严重影响到了郭富城的精神,回到香港后,他甚至不知不觉地去买烟抽。

"三年前我就把偶像的包袱丢掉了。我告诉自己,不是音乐偶像,而是演员。"

尽管在获奖致辞时激动得不能自已,甚至一度失声痛哭,而郭富城现在则已神色相当平静:"我拍电影不是为了掌声,而是为了艺术。"的确,在舞台上,他获得的掌声已经太多。"我渴望成为真正的演员。"能够得到公众的认可自非易事,"这么多年的努力,我终于可以立足电影圈了。"他长长地吁了一口气,然后微笑不语。

我并不局限自己以何种形式出现

"我并不局限自己以何种形式出现,大胆及性感的形象也不是问题,因为别人也喜欢看到我多方面的形象。若自己有良好身形而不去尝试,未免浪费了。最重要的是要穿得好看,男人亦不例外,只要自己觉得舒服,略略性感又何妨!"

身为偶像及新科影帝,郭富城对于生活有着自己独特的见解。在他看来,有品位的生活不一定要物质化,合乎自己的生活方式方为重要。他欣赏法国人的悠闲态度,懂得享受,做事情又肯投入。他笑言有时会从书籍杂志中窥得法国人的处世方法。

"巴黎到处都是型人,他们的穿衣装扮也多有值得借鉴之处。"谈到穿衣之道,他说除了工作上会有品牌赞助之外,平时多喜欢MIX&MATCH的穿法。"我并不局限自己以何种形式出现,大胆及性感的形象也不是问题,因为别人也喜欢看到我多方面的形象。若自己有良好身型而不去尝试,未免浪费了。"他抿唇一笑,牙齿粲然洁白,"最重要的是要穿得好看,男人亦不例外,只要自己觉得舒服,略略性感又何妨!"他似有隐隐为自己"正名"之意。

郭富城是一个超级跑车迷,法拉利F 50、法拉利Enzo、保时捷Gt3……款款都是限量的型号。大部分的车子他放在代理商的车库里,因为家里只有三个泊车位。在放假的时候,他方会把车子运到珠海或上海的赛车场玩玩。而Zonda的碳纤维原色车壳,兰博基尼的四轮驱动防滑,又令他心仪。

为了保持最in的身材,郭富城注重饮食,平日亦以清淡食物为主,唯独钟情于蛋黄白莲茸月饼。人人以为他的私人生活一定是夜夜笙歌,他大笑着否认:"不是啦,其实我的性格沉闷,根本不是舞台上的样子,我很内向的,平时不太去酒吧舞厅之类的地方。"

郭富城说自己45岁之前的愿望是做音乐剧。"我不知道什么才是高峰,至少对我来说,奖项不是高峰,歌迷的认同感才最重要。演音乐剧不是我的高峰,只是我要做的一件重要的事情而已。"

原来,人的生命真的可以重新来过。

何润东
我为TAG狂

  时尚,动感,魅力,更不乏智慧与优雅……何润东与此番代言的豪雅表TAG的内在气质如出一辙,可谓珠联璧合。

  影视歌三栖外加广告代言,几乎是任何一位娱乐明星的理想规划。而何润东恰巧即是其中的典范。出生于美国,毕业于加拿大的安大略艺术学院(OCA),自台湾开始自己的演艺生涯,经过多年打拼,他红透海峡两岸不说,演艺范围更是扩展到邻近的日本、韩国等地,成为当之无愧的国际全能艺人。出道至今,他拍摄了几十部影视作品,从古装到现代,扮相无不硬朗帅气,挥洒自如,令人印象深刻。

  而他所出的七张华语唱片,张张销量可喜,成绩斐然,更多次荣获乐坛"十大流行歌手"的称号。

  最难得的是,在鱼龙混杂的娱乐圈,他居然一直保持干干净净的形象:不传绯闻,更少有负面消息缠身。阳光而不乏稳健,性感奔放又成熟内敛……令人不由想对他径自发问:Peter, what are you made of? 他的内心全然不似外表那般简单,开心乐天的背后,更隐藏着诸多坚忍的力量。

我不要看到自己的一生在平淡中度过

光线通透敞亮的化妆间，何润东正在化妆。

"睫毛不要太卷，那不是我的风格。"端详镜中的自己，他对化妆师说道。

短袖T恤衫是热烈而浓重的红，胸前印有大大的白色THE DAZZLE字样；肥大的黑色运动裤，俨然又极具韩式风潮。旁边是大大的黑色与墨绿相间的运动挎包，放着他钟爱的相机等物什。

整个人的装扮，似乎是随时要运动的样子。

他转头，看到是我，脸上便显露出惊奇与快乐的神情。"这次我们可以聊些别的话题了！"委实，距上次的访问，尚不到一个月之久。繁忙且阅人无数如他，居然可以记住一个采访者的样子，多少令我有些意外。

拍摄。镁光灯闪闪烁烁。VERSACE白色衬衫，腕上是豪雅表林肯CALIBRE 16全自动计速码表。他坐于墙角一隅的高凳上，眼神睥睨，或者傲岸，有着说不出的不羁。而当他露齿粲然一笑，那笑意便如一道咒符，将观者的心尽收其中。

有些人，天生就是做艺人的。身边有人无由感叹。

诚然。

英俊如裘德·洛或者布拉德·皮特，甚或更为久远的基努·李维斯，他们的美多胜在外表。令人一见倾心或者顿觉爱慕。但是那样的美又总令人心生不安或者怀疑，总觉得会出离凡尘。外表的灿烂炫目更令人容易忽视他们原本丰富的内心。

而如何润东，你当然无法用面如冠玉、精致，甚或眼眸深邃等优柔阴性的词汇来描绘他。言谈举止间散发的气质，自会让人产生"好酷"或者别的什么感叹。

刚毅、果敢、自信……仿佛才是他的特质。无关容颜俊秀与否。

"我不要看到自己的一生在平淡中度过，不希望它是一个既成事实的句号，而是一个问号或者省略号……""进入演艺圈，成功还是失败无人知晓，但是如果不去尝试，那么我会觉得永远有遗憾。"

21岁进入缤纷娱乐圈，算不算晚？

至少何润东是如此。

从加拿大回台湾地区休假，去KTV唱歌，一不小心，居然就进入了娱乐圈。彼时，他的绘画专业尚未读完，学校也是加拿大首屈一指的名牌艺术院校。而为能进入这所大学，他已经费尽了周折，吃尽苦头。第一年落榜，难过得掉下泪来。第二年再考，素描，油画，雅克利水彩……在400个竞争者中位居第三，甚至可以申请奖学金。

"那时我已经明白一个道理，很多事情，如果你认真去对待，一定会成功。"

不同的选择，注定了不同的人生际遇与境况。

有一天傍晚的时候，何润东行走在台北的街头。等候红绿灯时，他注意到身边行色匆匆的人流。他们年龄不一，穿着各异，但无一例外的是，脸上都挂着下班后疲惫和麻木的神情。"看着他们，我脑中仿佛有一个大屏幕，在演绎何润东的一生，我看到了未来的自己，与眼前的人群一样，朝九晚五，生活永远没有变化……"

"我不要看到自己的一生在平淡中度过，不希望它是一个既成事实的句号，而是一个问号或者省略号……"

"放弃进入演艺圈，我会成为这个社会上百分之九十九点九的人，没什么不好，但是太平凡。进入演艺圈，成功还是失败无人知晓，但是如果不去尝试，那么我会觉得永远有遗憾。"他说。

"你体会到自己想要的人生了吗？"

他开心地笑："甚至比我想象中的更为精彩。在你进入之前，你对它的印象只停留于表面，不会知道自己会经历多少苦，多少悲，多少酸甜苦辣，多少快乐！也不知道自己的内心要经历多少挣扎，抗拒多少诱惑，面对随时跟陌生人的邂逅与跟朋友分离的痛苦……你要一个人去消化自己所有的不快乐和压力，你永远不会想到……"

那种感觉，局外人怎可等同身受。

发第一张唱片，公司作了大张旗鼓的宣传，结果反响却并非预想中的热烈。最狼狈的一次，搭建了异常华丽的舞台，甚至放了鞭炮庆贺，而签唱会现场冷冷清清到居然只有两个歌迷。

"但是我还是要站在舞台上，对着这两个歌迷唱……"现在回忆起来，那样的经历如同噩梦。压抑之下，何润东选择了远行。他只身一人，飞到日本。傍晚，他漫步在涩谷和新宿街头，发现街边有许多乐队在演出。他徜徉徘徊，连续听了好几个小时，一边对照反思自己。"这些年轻人也许永远没有发唱片的机会，舞台也只是街边，没有人会给他们掌声和喝彩。但他们依旧站在这里，为什么？只为自己喜欢。我为什么站在这个舞台上，因为我也喜欢唱歌，而不是在乎台下有多少人……"

"喜欢才是第一，虚荣第二……"他作拍手状，"否则，人容易迷失。"

"别人会问我，Peter，你会不会担心新人辈出被取代啊？如果老去想这个，反而会成为绊脚石，总有一天你会被外界各种各样的声音打垮。你的敌人是你自己，你最好的朋友也是你自己，超越自己就好。"

在成长中学习如何不去成长

"我一直在努力学习让自己知道身在演艺圈，哪些是要进步，哪些不要进步……""不要活得那么没种嘛！如果怕受伤害而不去做任何事情，人生就亏大了！"

"在成长中学习如何不去成长。"他一字一顿，语调舒缓。

听起来似乎颇为玄妙，仿佛禅宗，意蕴无穷。

他得意于我的疑惑。他一条腿搭在另一条腿上，率性地往椅背上一靠，极放松的样子。"我一直让自己在某些方面不要成长，比如说我不会让自己跟周围圈内人的价值观一样，我内心深处的小朋友跟我对从十几岁时开始相处的朋友的感觉，我也不会让它改变，不让它们跟着这个圈子一起成长。我一直在努力学习让自己知道身在演艺圈，哪些是要进步，哪些不要进步……"

跟朋友在一起，何润东说自己又会变得"幼稚"。曾经一起长大的朋友，如今境况不一：中学体育教员，CBD里的白领……但不变的是彼此间的情感。去海边烧烤，什么也不做地在街头闲逛，打篮球，随意聊天，或者晚上在人潮涌动的台北小吃摊旁吃各种小吃：冰镇啤酒，卤肉饭，肉羹汤，生蚝煎蛋，油炸臭豆腐，大肠面线……

好多朋友都结婚了，何润东依旧形单影只。羡慕他们吗？他呵呵笑："有时候会啦！参加好朋友的婚礼我好想哭，你知道吗？其实我早就习惯当电灯泡了，聚会时一定都是单数，他们两两出现，我是一个……有时候会觉得孤独，但是也感觉蛮自由的。"

"如果碰到合适的人呢？会担心在感情里受伤害吗？"我问。
"不要活得那么没种嘛！如果怕受伤害而不去做任何事情，人生就亏大了！"他的语调斩钉截铁。

当初，唱歌是梦想，演电影电视是梦想，当最初的梦想逐一实现，他又开始走向下一个站台。

眼见得周杰伦拍摄了自己的处女作《不能说的秘密》并且大卖，何润东毫不掩饰自己新的目标：做导演。

"我不会去和别人比，我只和自己比。做导演和摄影都是我由来已久的梦想。"

新唱片的MV，他亲自操刀，从创意构思到拍摄剪辑，无不亲历亲为。"五年之内我一定要拍自己的电影。"他的语气有着不容置疑的坚定和自信。

何润东玩摄影在圈子里是出了名的，"我真的是喜欢，绝不是玩票的性质。"他如是解释。他的行头包括七八部单反、120部相机，还拥有数目更多的镜头和灯，其中不乏蔡斯等名牌货。

他曾经筹划过为好友贾静雯拍摄写真集，不想后者却突然怀孕，这令何润东既欣喜又颇感遗憾。他接着不无得意地告诉我，他已经为台湾艺人沈建宏拍摄了CD唱片的封面和内页。"也许会考虑建一个自己的影棚，但地点在北京还是上海尚未确定，不过明年开始我一定会接一些拍摄的CASE。"

他顺手翻开桌子旁的一本《风尚志》，打开来，极认真地研究其中的画面。"这个模特儿叫什么名字？她的表现力和镜头感很好。"我忍不住笑出来："她是王雯琴，内地少有的国际名模之一。"

"我希望我的影棚可以请到一些出色的摄影师，同时培养新人。"

何润东在读大学时，所学专业即与商业设计有关，并非纯粹的艺术设计。"我现在回归到摄影，其实是等于把我十几年前搁浅的梦想重新寻找回来。"

何润东的梦想里还包括画漫画。"哇！我真是超级的漫画迷啊，如果漫画足够好，我会翻来覆去地看。工作之余我感觉自己简直是在火星上，各种奇怪有趣的念头会接踵而至，我会随手把它们记录下来。"

"我好想等年纪大了去集中精力画漫画，"他孩子气地笑，"因为年纪大了体力不好，可以坐在家里慢慢地画。至于主题我也已经想好，就画身边朋友的爱情故事，那该多么浪漫而有趣，同时这也是一种很好的纪念。"

"我对漫画比较挑剔，很少有看到自己喜欢的，如果一旦有，即会翻来覆去地看，所以人家都感觉我很怪……对喜欢的东西总是很执着。"

何润东去年一年的休息时间加起来尚不足10天。他喜欢旅游，因为工作的关系也会在国内外飞来飞去，但他说那不是自己喜欢的，因为无法随意安排日程。当我告诉他我即将前往越南和柬埔寨时，他立刻做了一个夸张的陶醉表情，"哇！那是我最想去的地方啊！"令他神往的地方还包括埃及、西藏、非洲……他形容在自己的身体里，似乎有一颗古老的灵魂。

去朋友家打电动，是他最热衷的。《古墓骑兵》《森林古堡》……他向我列举，看电影、看漫画，他会极度投入，打电动同样如此。最长的纪录三天不曾出门，每天只睡两个多小时，"人家说要想毁掉我的演艺事业,就是送我一台电动……"他明亮的眼睛闪现着少年的天真。

当然,他最爱的还是运动。

坚毅、果敢、敢于挑战和自信

"何润东不仅将品牌一直追求的'挑战自我、追求成功、卓越品质'的精神完美诠释,还将更多生命力加入到豪雅表'运动与魅力'的风格之中,也体现了豪雅表追求完美、超越自我、铸造卓越的风范。"

路威铭轩珠宝集团中国区总经理郑世爵毫不掩饰他对何润东的赞美与欣赏。何润东也由是成为豪雅表继布拉德·皮特、老虎伍兹、古天乐等之后的巨星级代言人。

手表于何润东,贴身程度似乎仅次于内裤。他有太多的事情要做,拍戏、赶通告、绘画、摄影、健身……时间表永远排得密密麻麻,合理分配时间成为当务之急,而质地精良的手表,成为何润东的首选。

近几年他养成的一个习惯,是晚上睡觉时手表都不会摘下,他笑自己,类似于强迫症。而早晨起床后第一个动作便是看时间,然后精确计算好洗漱、早餐时间……他清醒地知道自己的特质和长处:"我觉得是毅力和努力让我走到现在,关注我的人会看到我一步步的付出和进步,这一点并不是每个人都具备的。"手表无疑成为助他前进的锐器。

何润东的手表使用率如此之高,他也因此获得了"手表终结者"的雅号。但凡戴在他腕上的手表,"寿命"一般不会太长:短则数月,长不过半年。

在何润东看来,一方面,手表是最好的饰品;另一方面,如果一个男人在30岁出头的时候戴一块豪雅表,说明他对自己的工作是认真的,否则他不会得到如此回馈。

尊重时间,认真工作,他说这一点对自己最有影响的当属自己的爸爸。他的爸爸自己开公司做老板,20多年来,风雨无阻,上班从未迟到过。人在商场，有时难免需要应酬。然而，即便晚上结束得再晚，第二天早晨他依旧会雷打不动地准时去上班。就这点而言，被万千人视为偶像的何润东说，父亲才是自己真正的偶像。

何润东坦言，能拥有一块属于自己的豪雅表，一度是他的梦想。他还在加拿大读高中时，班上一位同学收到爸爸送的圣诞礼物，是一块豪雅表。对方得意得不得了，每次看时间都会故意凑到何润东面前，将衣袖高高撸起，露出醒目的红色与绿色LOGO，以至于在何润东的心里，这两种颜色就是圣诞的颜色。而何润东自己还要赚钱交学费，半工半读，不可能有钱买如此奢侈的东西，那时，豪雅表于他，只是可望而不可即的。他更坦言，豪雅表在北美是最红的牌子，是最多人选择佩戴的，他的两个姐夫每人都有自己成功的事业，也都有一只豪雅表。

何润东说自己一直希望给人家一个立体人的感觉，既感性，又理性；绘画、摄影、思考，呈现他的静态；打球，潜水，健身，则释放出他的动感能量和激情。他同时表示，豪雅表也是如此，生活中可以在不同场合、不同的着装佩戴它：穿西装时，让人感觉到自己的斯文和绅士风度；但是当你在西装袖口下微微露出所佩戴的豪雅表，会让人更对你刮目相看——脱下西装，去赛车、爬山、做极限运动，也会给人以立体的想象。

为运动而设计，为生活而设计，让生活和运动都充满激情，正是豪雅表的设计理念。

当成为豪雅表代言人那一刻，何润东直言自己的心情不只是激动。"没想到十几年后，我可以梦想成真，而且得到了加倍的偿还：不只是拥有，而是和豪雅表融为一体，成为它的代言人。"接受一次访问时他如是说，脸上洋溢着梦想成真的满足感。

压力之下，何润东毫无惧色。what are you made of? 这是豪雅表的广告词。如果让何润东来回答，答案一定是："坚毅、果敢、敢于挑战和自信。"

黄海波
人人都想成为大人物

"说良心话，我觉得自己离'红'这个字差远了。在我目前的想法里，至少有两个人我逾越不了：李雪健和姜文。前者是德艺双馨的表演艺术家，后者是国内演员转做导演最成功的典范。"

我最喜欢的就是那种普通人通过自己的奋斗和努力，成为成功人士的感觉

"在剧组里拍戏，有时那种感觉很微妙。"黄海波手里夹着一根烟，倚靠在咖啡馆的一张桌子上，侃侃而谈。DIESEL的新款藏青色牛仔裤，颈间系着一条黑色CK围巾。此时的黄海波，俨然一副时尚型人装扮。

"拍了一天戏了，大家累了，都该收工。可是我觉得自己演得还不行，得重来，"他徐徐吐了个烟圈，率性地讲了句粗口，"毕竟在镜头前露面的是我啊！这个时候你就得会说话啦！"

他模仿自己的样子——双拳当胸而抱，极江湖的做派："哎哟！哥儿几个！不容易啊！拜托了，咱再来一遍好吧。"他兀自解释道，"那种情况下，你得先自个儿把大家伙整乐了！然后再招呼助理把事先买好的各种零食拿出来分给大家。"

"反过来，你要是说：不行不行，重来！"他老练地摇摇头，"估计就没人理会你了。"

我暗自赞叹，看不出来，外表粗犷的黄海波，内心竟是如此细腻。"有时你难免会遇到各种烦心事，你可以选择发威，甚至发飙，但是你更要学会安抚，这也是一种哲学。"他似乎有些隐约的得意，看了我一眼，笑得眉眼放光。

无疑，采访黄海波是一件极具挑战性的事情。最大的问题在于，他不会顺着你的采访思路走下去，总是试图表达更多。一个问题尚未回答完毕，他已经独自绕行到了另一个话题上，并且态度真诚而悠然自得。有时，我不得不和他争夺对问题的控制权，甚至，采访录音中的某一段我听到我们两个人几乎同时在讲话，自说自话。最后，我只好甘拜下风，败下阵来。

黄海波有着与生俱来的幽默，对于自己被称赞为新晋的演技派小生，他会对着我们善意地嘲笑自己的长相："但凡长得不帅的，都会被归于实力派和演技派。"

而谈到令他蜚声银屏的《新上海滩》，他毫不掩饰自己对于李雪健老师的热爱。在他看来，后者是全剧组最"帅"的一个，这种帅，无关相貌与年龄，甚至无关气质，而是内心情感的一种流露。这种内在涵养，是岁月积淀的结果，亦是一个人的精神修为所致。

话虽如此，精神的修炼非一日可为，外形的潇洒与英俊，却似乎更容易受到欢迎。2001年从电影学院毕业，黄海波赶上了不太好的两年。这个"不太好"意思是指他的出现多多少少有些生不逢时——彼时，偶像剧盛行，偶像更是泛滥。能吸引人眼球的，必定是神采奕奕的美少年：唇红齿白，眼神明亮，有着玉树临风般的骄傲姿态。黄海波似乎哪一样也没占到。

不过他似乎没有对自己灰心："既然上天决定要让你做一名演员，那么你就去塑造各种各样的人物好了。正如有的人适合演帝王将相，有的人适合演普通人的角色。我最喜欢的就是那种普通人通过自己的奋斗和努力，成为人上人的感觉。"

想成为"人上人"的，比如丁力，比如他自己。任何一个小人物都想成为大人物，都想吃到天鹅肉，戏里如此，戏外也是如此。

黄海波喜欢用三个词来形容自己一贯的内心状态：不知所措、自我矛盾和有点拧巴。"这是真的，我不骗你。"那一刻，他的神情天真如不谙世事的大男孩。即便现在红了，至少是我们认为他红了，他依旧觉得自己尚属于自我矛盾的范畴。

"自我矛盾加上半迷茫等于拧巴。"他的嘴角略略带着一丝笑意。

大学四年演了四年的戏，临毕业的时候他对自己有一个期许：像定海神针一样钉在舞台上。在托尔斯泰的名著改编的《复活》里，他演了公爵涅赫留多夫。电影学院老师给出的评语是：那场演出是电影学院有史以来演得最好的。同样，在根据黑泽明的电影《乱》改编的独幕戏里，黄海波演了一位王。"这两个角色也许我都不太可能再去塑造了。"他的语调里透着隐约的失落感。

有太多的演员，就像一小簇燃烧的火花，瞬间就消失了，我不希望自己如此

《激情燃烧的岁月》之后，又拿了几个新人奖，一系列的军人题材作品，固然令人瞩目，但也曾经令他困惑。

"我演了四年的喜剧，怎么会去演军人戏呢！我从没想过自己会去演军人。"几部戏拍下来，他的心也逐渐豁然开朗：他自己本身就是部队大院长大的孩子，从爷爷到父亲，身体里原本就流淌着军人的血液。

转机似乎出现，他的面前有些光明：这就是《福星高照猪八戒》。事实上，也正是因为这部戏，他的人气指数又陡然间增高了不少。

在剧中，猪八戒是人、猪、神的三位一体，徐铮演了"人"身的猪八戒，留给黄海波的只剩了"猪"身。"我认认真真地演了一只猪，但它只是一个儿童戏，而且是很搞笑的喜剧。"而在给这部戏进行后期配音时，黄海波竟然患了急性喉炎。

对于这样一个角色，黄海波说，很多演员是不屑于演的，他甚至说，即便是现在问问自己，也很难谈得上喜欢二字。但他倒是牢牢记住了师姐赵薇的一句话："娱乐别人，娱乐自己，这样你的心态才会平衡。"

于是他也释然，毕竟快乐是第一位的，他也不需要通过这部戏证明自己什么。

从肉身凡胎的猪八戒到驰骋旧日上海滩的帮派人物，黄海波的演艺生涯终获突破。

他向我细数自己与丁力的相似之处：够义气、对爱情执着、孝敬父母。"我这人挺仗义，交朋友得交我这样的。"他眼神坦诚，语气郑重，没有丝毫玩笑的意思。那样的眼神和语气，是我在看《新上海滩》时，再熟悉不过的。

演员最怕被定型，而且，在黄海波看来，无论是多大牌的演员，也始终是被动地被人选择。而当得知自己被高希希选定饰演丁力一角，他形容自己仿佛中了头彩，忙不迭打电话给导演，问为何会选自己。倒是导演的话令他顿觉寡淡和释然："因为你合适。"合适，就够了。这也令他在后来的拍摄中没有遭遇到压力,当黄晓明称自己一度因不堪压力重负甚至想退出时,黄海波依旧沉浸在他的梦想里。

"要想使你的事业走得更好,你一定要遇到自己的伯乐,高希希导演就是我的伯乐。"

有了伯乐固然重要,但最重要的还是自己的踏实和努力。"这是令你可以走到最后的,有太多的演员,就像一小簇燃烧的火花,瞬间就消失了,我不希望自己如此,这是人生的一个失败。"

快乐是一种选择,有时不妨往后退却一步

"快乐是一种选择,有时不妨往后退却一步。"黄海波如是说。

换作人生态度,也是如此。他不掩饰对自己演技的肯定,但是至于生活——"在生活上我是个废物。"

"生活里我没有圆滑,有时甚至会实在憨厚得过分。"典型的豪爽性格。

黄海波下午要赶着参加一个宣传,摄影结束后,他为自己要了一份海鲜面和金枪鱼沙拉,边吃边聊。话题也变得轻松。他谈论起自己童年时期的部队大院生活,两眼都会放光。挖地道、爬煤堆、剪女生的皮筋……都是寻常男孩的小把戏。五岁时即在张元的电影《妈妈》里演了那个弱智孩子的角色,也早已经与他渐行渐远。

而时尚呢?"时尚,可以是浑身上下的名牌,但最高境界的时尚,是文化的时尚。"他的文化偶像,居然是易中天,倒是颇有点出乎我们的意料。

我们对他的了解还远未深入。企图通过短暂的访问而到达一个人的内心,有时未免是奢望。而至少在那一刻,我们看到了一个相对真实的黄海波。他喜欢吃金枪鱼沙拉,贫嘴,喜欢大声讲话,拍摄的间隙会抽根烟,然后偶尔走神。也会和我们一样,为用自己辛苦赚取的钱装修房子、换部新车而沾沾自喜。

他甚至也会善意地将玉从脖子上取下来,小心地递给我们观看,以满足我们无谓的好奇心。那是一块沉甸甸的白玉，开过光，上面刻着精美繁复的图案，用棕褐色金刚绳系着。

至于爱情，他坦言自己欣赏传统的女孩子，外在时尚而具备内在涵养。

"帅哥们，是要女孩子去爱他们的。像我们，像我，不太适合女孩子爱我。总得我去喜欢她。还有一种习惯呢，当她们真的很爱我这种人的时候，我不知所措。"

是，不知所措。就如在拍摄《新上海滩》时，当冯程程对他说："这辈子只有两个男人对我好，一个是我爸爸，一个是你。"于是，他的眼泪唰地就流下来了。

黄秋生
一个人的放逐

  每个人心中当然都有一个黄秋生。只是这个形象无一例外地相似：反叛，眼神阴鸷，面目近乎狰狞。他塑造的角色，动辄猥琐变态，抑或是满脸横肉的凶徒烂仔。从"烂片之王"到金像奖影帝，有人对他崇拜之至，有人则对他嗤之以鼻。魔鬼大帝？预言者？抑或是香港主流文化的异教徒？当我们把种种赞美和疑惑加之于他，他只淡然视之。经历了坚忍的成功，这个男人，其实内心多的是敏感孤单，他的犀利尖刻是对别人，也对自己，有时候更像一层保护的盔甲。当我称赞大器晚成的黄秋生正可以施展拳脚，他却感叹年华正在老去，就如同他怀念电影《放·逐》中所表现的那些"业已属于过去的情感"。你以为面对你侃侃而谈，指间夹着一根LUCKY STRIKE美国牌子香烟的人即是他？No！即便在谈话的间隙，他的思想同样游离于话题之外。他只活在自己的世界里。

文身的图案并不重要，重要的是对你是否有意义

下午3时许，在一行若干人的簇拥下，黄秋生终于到达。

墨镜，身材堪称修长，双手插在裤兜里，步子迅疾而急促。藏蓝色牛仔裤，裹住结实有力的双腿；黑底色休闲毛衫，有着错落交织的图纹；脚上踩着一双浅咖啡色麂皮磨砂高帮靴子；头上是一顶同样颜色的牛仔帽。他的装扮，随意而闲适，有着无可言语的英俊。头部微微傲然昂起，有着无谓的漠然和桀骜不驯，扬着没有表情的一张面孔——那样的面孔，是我们再熟悉不过的。

10分钟后，黄秋生终于再度出现在化妆间。他坐在椅子上，沉默不语，双臂交叉，当胸而抱，似有隐隐戒心。他审视镜中的自己。短的头发，是经过漂染的栗色，只是面部未免过于白皙。

"朋友们通常如何称呼你？"试着和他交流，为接下来的采访热身。

"他们叫我黄秋生或者秋生。"浓重的喉音，语调平缓，鲜有抑扬顿挫。对于冗长的化妆他早已习惯，表现得极为耐心，也会对化妆师给自己的造型提出不同见解，显然有自己独到的审美取向。

接下来的拍摄更为漫长。在一家地下车库，编辑无疑是从他的电影里获取了此次主题拍摄的灵感。从镜头里看整个画面，那样的环境灯光昏昧不明，阴森而诡秘，让人有即刻逃离的冲动。

无数人在现场争睹他的风采，璀璨的镁光灯把他还原为明星。眼神一样的飘忽和游离，表情偶尔戏谑，对着镜头，他知道如何去表现自己的魅力——那其实本无须去刻意表现的。寡淡和随意，已经是他个性的一部分。他有时逐一扫视周围的人，仿佛在探寻什么。但他们之间其实只有巨大的陌生，那是无法被超越的。

"文身当然不值得奇怪，可是要看你的年龄。这等于说一个年纪大的女人还穿超短裙：年轻的时候就穿啊，40多岁还穿它干吗？！"

我们上了车。黄秋生要奔赴下一个拍摄场地。车子在内环的高架桥上行驶，从这个高度看下去，北京和其他任何一个大城市一样现代而拥挤：永远的车流滚滚，高楼周身遍布闪光的玻璃，炫目而刺眼。与他比肩而坐，可以嗅到淡淡的古龙水的味道，黄秋生看上去神情略略有些倦怠。

你从他的身上是否还可以感受到当年那些叛逆的时光和影子？

"年轻时我痴迷于猫王和KINGS，还有披头士。"他转过头来，面对着我。"我的舅舅玩音乐，他经常会放一些音乐，令我亦有机会听到更多。稍年长一些后我则喜欢听重金属，凯斯和阿尔·梅登……"他笑，"那时候很穷，买了一盘卡带，会一直听到烂。后来演戏的时候，才会有钱去买很多自己想听的音乐。"

"我已经过了那样的年纪，现在比较喜欢听JAZZ。"他轻微喟叹。"是因为JAZZ的怀旧情调？"我调侃地问道。

"不是为了怀旧，只是为了它的柔和。"他摇头，"听JAZZ并不意味着你不再摇滚，不再有态度，不再叛逆。听什么音乐跟你是否叛逆并不等价，就如同穿着，那只是外在的东西，最重要的还是内心的精神。"

"我现在还想去文身，刚刚找到一个非常好的图案。"他笑，"只是年纪已经太大了，在犹豫到底要不要去文身。"

"你会这样问自己？"我不免好奇地问道。

"当然！已经四十几岁了，还去文身，太迟了一点吧！"

忍不住继续问下去："你不应该这样吧！你给我们的感觉一直独特而另类，所以你文身我们都不会奇怪。"

"文身当然不值得奇怪，可是要看你的年龄。这等于说一个年纪大的女人还穿超短裙，年轻的时候就穿啊，40多岁还穿它干吗？！"他嘴角露出一丝"恶毒"的坏笑。

"如果文身，你打算选择什么样的图案？"

"蝴蝶。"

"你不觉得蝴蝶太流俗了吗？很多人都在文蝴蝶。"

"一坨屎就应该没有人文了吧？那就不流俗了！"话语刚一出口，举"车"皆惊。而他出言如此"刻薄"，依旧笑意盈盈。这样的回答令人领略到黄秋生"语不惊人死不休"的大侠风范。

"文身的图案并不重要,重要的是对你是否有意义。"他正色解释道,"在我的脑海中一直有一只蓝色的蝴蝶飞来飞去。达斯汀·霍夫曼有一部电影叫《帕彼·劳恩》,在法文中是蝴蝶的意思。我的文身师傅告诉我,'帕彼·劳恩'其实也是一种蝴蝶的名称。后来去台湾,看到这种蝴蝶,才知道它尚有一个俗名叫'尤里瑟斯',尤里瑟斯正是我小儿子的名字。所以你看是不是机缘巧合?"

我从来没想过我要放弃。莎士比亚说,To be or not to be ,that is a question.我永远要to be下去

从1983年出道伊始,到今天的红透香江两岸,其间,是漫长的籍籍无名。那时的黄秋生,是否一直在做成为big star的美梦?

问题抛出去,那厢居然没了声响。我在整理采访录音,听到的也是巨大的空白。他凝视窗外的街景,仿佛若有所思。车子穿过长安街,依旧是鳞次栉比的楼群和汹涌澎湃的人流,天空难得这样湛蓝。

他轻微叹息,半晌,方回过头来,短短答道:"不要爱艺术中的你。"然后又是沉默。

"你就是要爱演戏,不要想太多。很多东西,不是你想要即可拥有,不是你努力即可拥有,亦不是单凭运气你就会得到。有时候你得到很多,甚至完全没有理由。所以,你爱的是名气,还是艺术,要清楚。这正如你到底是爱自己的老婆,还是爱你的情人多一些,自己要明白。"

对于黄秋生曾经的生活窘况,我像一个窥探狂,渴望知晓更多细节。黄秋生却已然不愿多谈,只言当初压力很大,"又穷,又没钱,又没有工作,又被人家欺负……"他再度注视窗外,"别人用脏话骂你,把你不当人……"

"你也有过这样的经历?"我不免追问道。

"我当然有!你看我的脸,就知道上面写满了沧桑的历史!"他略带嘲讽地笑,熟稔地点起一根烟,猛抽一口,缓缓吐出,烟雾便袅袅地在车厢内弥散开来。"可能我是特别坚强吧！我的生存能力特别强。"

那个名叫Perry的父亲弃家而去，小学毕业的黄秋生即开始为生计而奔波，慢慢长大，做一些底层的工作。学徒、修汽车、送货……偶然进入演艺圈，辛苦拼搏，却从来得不到好的角色。就像他不止一次曾说过的那样："我要赚钱谋生，活下去！"没有了退路和选择，他的内心一定曾经有过挣扎和怨恨，只是他说，"我从来没想过要放弃。"

再次吸一口烟，他目光注视别处："我从来没想过我要放弃。莎士比亚说，To be or not to be，that is a question.我永远要to be下去。"他终于难得开朗地大笑。

"我一度喜欢周润发，希望能像他那样。"只是周润发那时在无线，而黄秋生在亚洲电视。况且，一个是云中仙，一个是地上草。两人有过一面之缘，那时的周润发已经红透半边天，却为情所困。"在他企图自杀之前的两天，我在门口见到他站在自己车子的旁边，那种忧郁有着无与伦比的美……"黄秋生摇头。

在很多影迷眼中，黄秋生是当之无愧的偶像，他自己却对此颇不以为然："崇拜是不理性的，崇拜我的人那是脑子有病！我希望大家喜欢的是作为演员的黄秋生扮演的角色，而不是我本人！"

这是他不止一次宣扬过的。当然，对影迷们来说基本上很难。

黄秋生表示，现在非常欣赏内地演员兼导演的姜文。"我们俩的性格都太'怪'了，也许很多人希望看到我俩在一起打架的场面！"他总不忘拿自己冷幽默一把。

拿到奖如何？拿不到又如何？不要以为你今天很红，明天就继续会红下去，一直红到90岁。所有的东西都不是永恒

黄秋生坦然承认《八仙饭店之人肉叉烧包》是他演艺生涯的一个转折点。"我跟李修贤签了三部片约，这样的协议令你永远无法知晓自己下一步会拍什么。而这个剧本你又一定要拍，不可能推掉，然后，就只好拍啦。"他的语调低沉缓慢，透露些许无奈。"我不喜欢这种角色，可是也必须去拍。"

"所以你看这个世界就是这么奇怪，有时候你不喜欢、不高兴去做的事情，反而会带给你一些很意外的东西；你非常喜欢的艺术，做完之后却什么都不会得到。"他继而变得嘲谑，嘴角挂着一丝讽刺的笑意。

"我告诉你，这是我第一次对媒体讲这件事：当年在颁奖现场，他们都跟别的演员打招呼，没有一个人肯过来跟我聊天。"他低下头试图去吸烟，以掩饰内心陡然泛起的波澜。那支烟已经燃到了尽头。助理再次递过一支烟，他接过来猛吸一口，"得奖之后，去了一家酒店接受访问，一直访问，到晚上还饿着肚子。等到最后一个访问做完，全部的人都走尽了。没有人过来恭喜我……"

接下来发生的一切如同电影情节：黄秋生离开酒店，拿着奖杯，孤零零走在华灯绽放的大街上，没有人关心他是谁，没有人关心他刚拿到大奖。他跑到街边一个小酒吧里，打电话给导演，说自己正一个人，还没有吃饭。于是李修贤过来，两个人在酒馆里喝啤酒，直到天亮。

"那种荒谬的感觉……非常荒谬……演一个这样的角色没有人想到你会拿奖，可是拿奖了，站在台上好像全世界都在注视你。然而两个小时还不到，却是自己一个人拿着奖杯在街上漫无目的地走，仿佛跟这个世界没有任何关系。特别孤单，特别孤独……"

而对于后来《无间道》和《头文字D》的获奖，黄秋生炉火纯青的演技已经毋庸置疑。

"可能我的命就是这样啊，要的时候得不到，得到的时候又不肯要。以前拿奖的时候觉得很孤单，没人跟我庆祝；现在获奖了无数人围着我，我又没有了感觉。小的时候，没有机会庆祝生日，都在学校里面度过。每次过生日的时候我都会想，如果能回家该多好！后来长大，赚到钱，有很多人给我庆祝生日，我又觉得很烦。生日有什么好庆祝！意味着我又接近死亡了一年。我快死了……难道要庆祝我快死吗？"他兀自笑出来，"我现在已经觉得无聊。"

"拿到奖如何？拿不到又如何？不要以为你今天很红，明天就继续会红下去，一直红到90岁。"他说给我听，又仿佛自言自语，"所有的东西都不是永恒。就像打仗，当感觉到危险的存在，你可能没有危险；当听不到任何声音时，你已经死了。你不知道子弹会从哪边射过来，所以，每天都要很小心。"

　　同黄秋生交谈越深入，越发现他思想的复杂。他坦言母亲对自己的影响之大。他用近乎调侃的语气讲起自己的母亲——年轻时有着林黛玉般的才情和美丽，同样有林黛玉的孱弱多病，喜欢冷清凄惨的诗词，经常试图自杀，但最终都没有死掉。

　　"差不多到了40岁我才摆脱她的思想的阴影。"虽如此说，而母亲在他的心里又占据相当大的比重，问及生活中黄秋生最怕什么时，沉默片刻，他老老实实地说："我最怕母亲死掉。"

　　对于家人，他不愿过多谈及，只说自己在努力扮演一个好父亲的角色。他为自己在某次醉酒后对着儿子破口大骂而耿耿于怀，躬身自省。他依旧喜欢独处，一个人坐着发呆，天马行空地想事情。

　　谁又能想到，站在台湾金马奖颁奖舞台上和侯佩岑打情骂俏的他，最钟爱的读物居然是鲁迅的杂文、小说，以及毛泽东的诗词。

　　"还会写出'阳光射湿我的床'这样的句子吗？"他不置可否地摇头，"那个算了，不要再提。"

黄晓明
成就自己

  黄晓明像一阵旋风,陡然间出现在了人们的视线里。标志之一是:他几乎已经成了本埠诸多娱乐杂志的常客。——上八卦头条,是令很多艺人头疼又骄傲的:至少表明你已经引起了大众的相当关注,具备了娱乐价值。当然,更多的是利好消息:加盟华谊兄弟,排场几近豪华,更收得黄金马鞍外加名瓦金砖;入主大国文化,成为郭富城的同门师弟;从《夜宴》到《新上海滩》,电影电视片约不断,叫好又叫座;甚而出了单曲《暗恋》,摩拳擦掌进军歌坛……

  11年,从籍籍无名到灼热耀眼的大明星。他的坚守得到了回报。艰辛的努力和付出,似乎一切都值得。不曾有过奢侈的膨胀和迷失,因为他看到自己的一步步成长。

  黄晓明的存在似乎是为了证明这样一个真理:作为演员,长得帅不一定会走红;但是如果你长得帅,又足够刻苦,那么你很可能会走红。"但是仍然要请记住,只是可能,仅此而已。剩下的,要交给上天,看你的运气。"这是黄晓明的警句。

我基本都是抱着自杀的心态去演戏

在黄晓明一行到达之前，拍摄现场一片井然的"忙乱"。

美丽的女编辑和以拍摄时尚明星闻名的摄影师在作沟通，确定最终的拍摄方案。身边散乱摊放着《GQ》和《VANITY FAIRE》等用作参考的杂志。助理编辑则忙着把衣服挂上衣架，LV、CUCCI、ARMANI……浅灰色牛仔裤、绿色休闲长裤、有着白色千鸟图案的黑色长袖衬衫……其中有相当一部分，刚刚从上海或香港空运过来。灯光师是一个更为年轻的小伙子，短裤、光头、圆形面庞，他在检测调试光源，脸上还闪现着好奇的表情。化妆助理在化妆镜前摊开所有的物什：各式瓶瓶罐罐、粉底、刷子、卷发器……我则躲在影棚的一隅，温习要采访的问题……铺上了绿色的塑胶板，作为道具的黑色和红色沙发也已经被放在了它所属的正确位置……空间流淌着音乐，然而没有人在乎唱的是什么。

一切，在等待他的到来。

终于，他出现。极安静地出现。没有臆想中的喧嚣庞杂的随从。只带了宣传和司机——一个脸上长着雀斑的年轻的女孩子，一个稳重行事的司机。

先是听到门推开的声音。接着他的身影已经出现在我们面前。他仿佛是站在舞台上，对着在场的每一个人微笑，对着在场的每一个人招手。——至少，每个人都感觉如此。

我注意到，他微笑时，嘴角上扬。俏皮而魅力四射，足以令女人们心荡神摇。

白色无袖上衣，拉链向下大幅度地拉着，露出一点结实的有诱惑力的胸膛。白色休闲长裤，一只手插在裤兜里。鞋子也是通体白色的，鞋面上有着银色皮革镶嵌对接。

那样的一张面庞，已经被无数的人去摹写和顶礼膜拜过了。用词也大都千篇一律：雕塑般精致、阳光笑容、外形硬朗、眼眸深邃……他的妙处，似乎只有亲眼目睹，才会领略到。委实，在一张英俊生动得令人窒息的面庞前，所有的言词都是苍白的。

所以，我只吝啬地称赞他一句："你和传说中的一样帅。"

他说："谢谢。"略带陌生的矜持。

化妆，采访。摄影师赶下午的飞机。黄晓明要赴一个重要的饭局。

不问前尘过往，单刀直入角色的话题。

"威严大汉天子、痴情杨过、嬉皮韦小宝、忧郁许文强……哪一个角色最是你自己？"现在细想，未免问得慌张而过于直白。俨然没见过世面的模样。

"其实每个角色都有跟我自身性格类似的。如果我不喜欢，或者角色不太像我，我也不会去演。"他任由手法熟稔的化妆师在自己的头上摆弄打理。"如果是最贴近的一个，那应当是《鹿鼎记》中的韦小宝和《新上海滩》里的许文强。"

"与你性格中的哪一点比较相似呢？"

他咧嘴笑，嘴角依旧轻微上扬。"孩子气的和深沉内敛的。还有，就是比较坚毅，其实我的性格还是蛮坚毅的！"化妆师在他健康的古铜色面庞上小心翼翼地涂上一层粉底。

"韦小宝拍得比较早，许文强则是最新的作品，如果让我两年前演许文强便不会有今天成功率这般高。因为心里经历的事情多了，人生的阅历多了，演许文强这样的角色便会收放自如一些……"

"是不是会挑战一些与自己性格反差较大的角色？"

他对着镜中的自己大笑，化妆师则无奈地轻微蹙了一下眉头。"FOR EXAMPLE，韦小宝便是啊！拍这部戏前，我已经拍了太多的悲情戏苦情戏，太累了！所以有机会演搞笑的角色，我决定要尝试一下……"

黄晓明塑造的角色打戏居多，这令他感觉酣畅淋漓，颇为过瘾。《龙票》里他更是从十几岁一直演到三十几岁，从小皇帝到为人父。

"做演员最大的乐趣在于，你可以尝试在生活中不可以做的事情。当皇帝，被人前呼后拥，威风凛凛；打斗，虽然有时未免过于惨烈……"

黄晓明坦言，当年拍《鹿鼎记》，有梁朝伟和周星驰的版本在前，以至于他对自己不抱任何会超越前者的希望。"我基本都是抱着自杀的心态去演戏！"他的语调里透着些许无奈。虽然这些无奈只属于当年的黄晓明。回忆起来，他却依旧不能不感慨。因为那是他曾经走过的每一步。

"挑战经典角色只有两种可能，"我善意地嘲笑他的想法未免过于悲壮，他则认真给我解释其中缘由。"一个是死，就是必死无疑，输得一塌糊涂；另外，就是角色引起别人的共鸣，觉得还不错。至于所谓超越经典，那绝无可能。经典本身即是不可逾越的。"他再次强调，"至于我，都是抱着必死的心态去演！"

并非对自己无所期望，相反，正是因为对自己抱了期望，才愿意去作这般果决的尝试。破釜沉舟也罢，逆水行舟也罢，知难而上的事情总是要有人来做的。同时，对自己的期望值降到了最低，有了喝彩与掌声，反倒觉得是意外惊喜。

"明知道有些拍摄是对你的身体有损害的，但你仍然要去做，——这是你工作的一部分。"拍摄《神雕侠侣》，长达半年的剧组生活，不曾有完整的一天休息。每天睡眠在四个小时左右，最高纪录是五天六夜不曾睡过觉。拍某场戏时被马掀翻在地，几乎已经感觉到了骨头的断裂。"即便下半身不动，只是脸上做表情也要继续拍。"拍《新上海滩》，三天两夜没有休息，几乎要昏倒在地。

"人的身体机能忍耐力都是有限的。更多的时候，我是在挣扎。"

光鲜靓丽的背后，有些付出是局外人永远看不到的。

"同样的压力落在不同的人身上，反应也不一样：有些人会疯掉，有些人会退缩，有些人则选择坚持……最后成功的，一定是那些坚持下来的人，我努力希望自己是可以坚持下来的。""名气给我带来了物质的满足，但是令我失却了自由。我希望自己可以保留单纯和童真。"

"天将降大任于斯人也，必先苦其心志，劳其筋骨。"祖训如是说。还有更重要的，还有"行拂乱其所为"。

人的心志大抵都是这样坚定起来的。

身在娱乐圈，承受的压力又较常人多之又多。

"其实我是一个挺快乐、开心的人，但是后来……"他陡然沉默，将话题淡然掩过去。"后来我演许文强，有几次差点昏倒，累并非主要原因，压力太大是主要原因。"

"没有什么能够阻挡，我对自由的向往。天马行空的生涯，你的心了无牵挂……"仿佛契合了我们的话题，音乐转换成了许巍那首著名的《蓝莲花》。略带沙哑的声音在空旷的影棚里回旋升腾。

黄晓明凝神倾听，陷入短暂沉默。

"《神雕侠侣》拍完后，倒声一片，听多了，我难免心里慌乱。"他端起杯子，喝一口水。

"拍《新上海滩》几乎是急火攻心，有种心力交瘁的感觉……压力太大了，我问我自己，这是干吗呀？老是这样跟自己过意不去……"

"同样的压力落在不同的人身上，反应也不一样：有些人会疯掉，有些人会退缩，有些人则选择坚持……最后成功的，一定是那些坚持下来的人，我努力希望自己是可以坚持下来的。"

人在江湖，身不由己。有时会被迫无奈接一些自己不喜欢的戏。心力交瘁的时候，难免会想放弃。但他最终仍选择了坚持。没有冠冕堂皇的理由，只为成就自己。

成就自己。他已经做到。

荣登台湾版《ESQUIRE》国际中文版杂志封面，杂志一经面市，居然卖到脱销；"亚洲火热电视型男"的美誉不期而至。

而在尚不算久远的过去，他向来被人称呼为"陈坤或赵薇的同班同学"，有着难言的尴尬和窘迫。当他的这两位同学已经红透东南亚，他还一直蜗居在北京塔园的简陋筒子楼里，不为人所熟知。

河东河西。相隔十年，如今光景自是不同。

现如今，他的下一站是歌坛。

演而优则唱？他使劲摇头，澄清自己："我一直喜欢唱歌。"

王力宏、张学友、周杰伦……都是他喜欢的歌手。去KTV唱歌，《大城小爱》《唯一》《心如刀割》《吻别》……甚至郑中基的《别爱我》和邰正宵的《九百九十九朵玫瑰》……都信口唱来，一网打尽。

聊到此，他终于笑得开心。

"《暗恋》是一种感觉。你的发像月光，不能握在手上，却是一线希望。你脸庞花一样，轻滑过玻璃窗，留下一道感伤……"他兀自唱起其中歌词，轻轻合上眼睛，陶醉其中。长而浓密的眼睫毛垂下，仿佛一场纷纷扬扬的大雪。

一组片子拍摄完毕。他更换服装。摄影师忙着转换场景，布灯。他在我面前重新坐下来。"我有些渴……"他转头向旁边的助理，后者大笑着递给他一个鲜红欲滴的桃子。他抓过来，狠咬两口，猛一阵咀嚼。似乎又像想起了什么，把桃子递给我，我笑着摇头。

似乎已经相熟甚久。他身上的孩童气息勃然散发。一边絮絮讲话，一边漫不经心地转动着椅子。间或停下来，目光径直盯着你，似乎要探寻一个大秘密。当我提问，他便用心聆听。只是两腮轮流鼓起，极为滑稽可爱。

"名气给我带来了物质的满足，但是令我失却了自由。我希望自己可以保留单纯和童真。"

人总是这样，过平淡生活的时候，总想超越这种平淡生活。当生活得太喧嚣热闹时，又怀念那种生活的安静

"人总是这样，过平淡生活的时候，总想超越这种平淡生活。当生活得太喧嚣热闹时，又怀念那种生活的安静。"

他轻微喟叹。

怀念，是因为回不去了。正如他说，自己原本是一个很害羞的人，说话细声细气。而现在，已经学会了面对包括我在内的各色人等侃侃而谈，眼波流转。

他已经习惯了被妄加评论和猜测揣度。包括感情。那是坊间最热衷的。

他说自己总是惯于被欺骗和背叛。因为太容易相信别人。"我最恨的事情就是被朋友背叛。"言及此，方流露出属于北方人的那种血性和硬气。

关于他的绯闻，隐约有流传。从赵薇到应采儿，俱是清一色的大嘴美女。他摇头不置可否，已经习以为常。他倒是乐于点评曾经合作过的女艺人：孙俪大气，有自己的性格，像个男孩子；刘亦菲气质卓然，容貌绝世，演戏很努力……至于黄晓明心仪的女子是何种类型，他听到此问题，先是犹豫，转向身边的宣传求救，对方给过一个眼神，黄晓明似乎心领神会："善良，温柔，贤惠……气质很重要，不过也得漂亮。女孩子嘛，当然要漂亮！"

他罗列出诸多美好的形容词，我忍不住叹气：等于什么都没说。"你的感情生活还属于真空地带吗？"我试图作更多探寻。他几乎是不假思索，"嗯"了一声，使劲点头。"没有时间，也不敢……怕被人再拎出来……"

"但是也不要太漂亮，否则没有安全感……"他陡然冒出一句。

"你也会缺乏安全感？"我大为好奇。"以前不会有，现在会有了。"

"你以前追过多少女孩子？""还是女孩子追我比较多……"他得意地笑。

黄晓明坦言自己受家庭支持最大，直到现在，妈妈一直在北京陪伴他。不良的情绪当然不会给妈妈讲，倒是妈妈一直变着花样给他做饭菜，令他"受益匪浅"。

尽管生长在以啤酒闻名的青岛，黄晓明却称自己啤酒、白酒均是一滴不沾。偶尔会跟朋友喝点红酒。常去健身房，因为可以令自己保持良好的精神状态。喜欢开车，粗犷的吉普和精致的小跑车，两个极端，倒是符合他天蝎的星座特质。喜欢时尚，却不会在自己身上有太多颜色堆砌。就如今天的装束，浑身上下一袭的白色，只在腰间系了D&G的腰带，中间大大的皇冠图案赫然而鲜明。

热爱旅行的他最近去了香港和意大利的米兰。去香港为一家杂志社拍摄封面，受邀去米兰看GUCCI的时装秀。香港是购物天堂自不必说，米兰令他印象深刻的是大街上型人触目皆是。"时尚的精髓，其实在时装之外。"在气势恢宏的米兰时装大街——埃玛鲁埃莱长廊高高的苍穹之下,挨个儿看时装店,别有情趣,尤令他印象深刻。

而他最想去的地方是印度尼西亚的巴厘岛。建筑密集的寺院,层层山林,听甘美兰乐器的演奏,在海边的小屋看海水的涨落起伏……

"生活的美,有时候是在远处,在你不曾到达的地方。"

姜宏波
淡定是一种恒久力量

　　拎一只大大的LV旅行包，踩着一双银色灰色相间的时髦运动鞋，姜宏波如约出现在拍摄现场。"我可是闻着球场的味儿进来的。"一进门她就大剌剌地笑，同在场的每一个人热情打招呼，态度真诚，毫无矫揉造作。"我对排球馆的味道尤其熟悉，排球的皮革味儿，就算是球落在地板上时击起灰尘的味儿我也能闻出来。"细长高挑的身材裹在一袭黑色的大翻领羊毛外套里，——终究也是身高的原因，她离开了一直热爱着的排球。没能在运动场上成为如偶像孙晋芳一般的排球明星，她却渐渐在娱乐圈发展得风生水起。——"一切成长能量，"她说，"都是拜当年的运动生涯所赐。恒久力量，则是拥有淡定的人生态度。"

教练天天骂我，说你是打球呢，还是跳舞呢

为了配合拍摄主题，细心的姜宏波特意带来两只排球作为道具，其中一只闪亮的蓝色排球，还是她两年前去巴西旅行时买回来的，"那里海滩上沙滩排球特别盛行。"一谈起排球，她更是眉飞色舞。虽然离开排球队已经十几年，但是她的"排球情结"一直挥之不去。

九岁就开始在排球场上摸爬滚打，排球于她的记忆，早已是根深蒂固，——她形容自己那时"又黑又瘦"。彼时，中国女排夺得五连冠，令国人欢欣鼓舞，幼小的姜宏波在同样是排球运动员的哥哥的带领下，顺理成章进入排球队。

在排球场上，她的角色是二传，是场上的核心人物。但因为她的力量不够大，教练便给她增大运动量，"二传首先要增强手指的力量，"姜宏波回忆说，因为瘦小，她的手指比较软，缺少力量，还经常被球打蒙，"教练天天骂我，说你是打球呢，还是跳舞呢？"她挺直腰板，坐在柔软的长条沙发上，一边哈哈笑，一边用手比画着，"因为我总是习惯手抖一下再往外传球。"

解决之道是打沙袋球，就是往废弃不用的排球里灌满沙子，重新缝合好再用。一个球大约七八斤，非常沉，每天练习传沙袋球，以增强指力。她伸出十指："你看，到现在我的手还这么粗糙，指关节也这么粗大，"她开自己的玩笑，"一看就挺爷们儿的，一点都不纤细，不像女孩子的手。"语气里却是全无抱怨。沙袋之外，教练还让她做指卧撑。别的队员做俯卧撑，她却要做指卧撑，并且速度和频率必须同别人保持一致。为了避免挨骂，她主动给自己"开小灶"，增加运动量，自觉与自制的习惯就这么慢慢培养起来了。后来，她一分钟能做到二十几个。

集训期间是最辛苦的，一天要上四次训练课。早上五点起床，外面黑漆漆一片。东北的冬天，有时会达到零下三十几摄氏度，风吹在脸上，如同被刀割一般。400米的跑道，做准备活动时最少得跑5圈。"远远地看去，每个队员的脸上都有一层白色的雾气，像火车头的蒸汽机冒蒸汽一样。"这是她脑海中记忆清晰的画面。"像一场梦，但是异常清晰。"

化妆的间隙，她和造型师探讨护肤之道，当被称赞皮肤紧致时，姜宏波开心地笑。更多的人开始认识她，不是因为她是排球运动员姜宏波，而是因为《别了，温哥华》和电影《钢铁年代》里她演过的那些角色。——事实上，因为身高的原因，她还是不得不离开了排球队，离开墙上贴了中国女排主力孙晋芳照片的运动员宿舍，并且因缘聚合地进入娱乐圈，成了一名演员。

不管对手是强还是弱，你都要表现出你的风格来

玩票是一回事，做专业演员又是另一码事。——她曾经面对的最大挑战，就是台词。为了改掉一口东北话，她学习普通话，每天练习"八百标兵奔北坡"之类的绕口令，读小说和散文，听新闻，读报纸，带着情感，抑扬顿挫，拿出当年做指卧撑的精神来。

第一次拍戏，便有人称赞她心理素质好，她后来又分别同成龙、刘德华、黎明等天王巨星飙戏，心态照旧淡定自若。她说，这些也是得益于运动员时期的积淀。"那时训练的时候，就经常跟男排比赛，他们球的力量大，击球点高，我们也没觉得什么，就是要打出自己的水平。"她把这种心得联系到演戏上，"拍戏也是如此，对手的强与弱跟你并没有关系，在镜头前演戏和在球场上打球完全是一样的，"她说，"不管对手是强还是弱，你都要表现出你的风格来，你必须完全没有杂念进入你的角色，对方出招，你得接招，并且要给他回得更狠。这样才好看，自己演得也过瘾。"

行走娱乐圈里，她的态势越来越顺利。姜宏波的人生态度却是愈加淡定。不拍戏的时候，更愿意宅在家里，不去作无谓的应酬。坚持吃素食，每天打坐，保持着内心的清净。

李宗翰
一个人的红与黑/每个人心里都有一个于连

人们对他众口称赞：俊秀、飘逸、气质沉稳、内敛……外形迷人，演技也愈加精湛，李宗翰的忠实拥趸称他是不折不扣的"万人迷"。《书剑情侠柳三变》《壮志凌云包青天》《喜气洋洋猪八戒》《阮玲玉》和《徽娘宛心》这些人们耳熟能详的精彩电视剧更让人们对他刮目相看。而他则只希望自己有足够的纯粹、简单，而质感则是他认为一个男人最应该具备的。

此前，李宗翰正忙于话剧《红与黑》的排练。他说，每个人心里都有一个于连。

对李宗翰的访问颇费了一番周折。

第一次，周五晚上9点整。我如约打电话过去，被告知他正在和导演沟通话剧《红与黑》的剧本问题。至于今晚结束的时间——估计是遥遥无期。

悻悻然挂了电话。我伫立在东长安街国贸附近一幢高楼28层的落地窗旁，俯瞰车如流水马如龙的繁华街景和那些在暗夜中巍然耸立的建筑物。晚上9点钟，北京周末的夜生活刚刚开始。人们纷纷涌向唐会、钱柜，或者COCOBANANA，以及别的什么新锐派对。

于是，采访时间移至第二天中午——我为此几乎穿越了半个北京城赶到朋友的住处：公交、地铁、出租车……穷尽所能的交通工具——只为一部可以采访录音的电话。

朋友家里正是人声鼎沸——两个小孩，一个三岁，一个只有九个月，——声响却是大得可怕！有时发出兴奋的尖叫声，或者号啕大哭，大人们忙着哄他们，客厅里开着电视，报道最近关于韩国人质被阿富汗某组织绑架的问题，空气中散发着淡淡的奶香和炒菜混合的味道……活像一幕闹哄哄的舞台剧——他们才不管我马上要电话采访一个叫什么李宗翰的艺人。毕竟，It is none of their business!

电话终于接通。是亲切的男中音，声音柔和，极富磁性。通常的采访，我会通过被采访者的眼神或者动作等流露出的小细节来判定他是否态度真诚，由此判断出即将进行的采访是乏味还是趣味盎然。然而，此时我什么也看不到。他在上海，我在北京，不曾谋面。我对他的了解仅限于一些文字。那些文字倒是无一例外地对他褒扬有加——他们称赞他的英俊，说他的面庞气质流露出一种忧郁的美。那种美，我们曾经可以在法国诗人兰波的诗歌里看到。但是距离未免有些遥远。同样具有这种忧郁气质的是张国荣。只是他去了另外一个世界。像一只无脚的鸟，他选择了永久的飞翔——从某个角度说，永久的沉寂便是永久的飞翔。至少我是这么看的。他不知道我是谁。也许，我只是一个声音，陌生人的声音。

我们的交流媒介仅限于一根电话线。我力图让自己的语调散发热情。这是礼貌，也是我的职业特性。试想，当你跟一个语气冰冷的人讲话，怎么会产生谈话的欲望？

我们像朋友一样问候彼此的天气。这是最不失礼又略带矜持的开场白。早晨刚刚下过一场雨，天空是铅灰色的。有隐约的氤氲雾气，但是很凉爽。"你的声音听起来很愉快。所以我觉得天气应该是不错的。上海依旧是潮湿而闷热。所以我不太喜欢夏天的上海或者说是上海的夏天。但是很多人以为你是上海人。我的母亲是上海人，所以我有一半的上海血统。"

谈话絮絮进行。只是有几次被打断。他继续在上海话剧院中心的《红与黑》的排练。我则趁机溜到了客厅里。电话响起，谈话复又开始。又突然失却了声音，我觉得莫名其妙。打过去，道是out of service。其间还包括我的朋友悄然过来，一本正经地听我讲话。我冲他拼命摆手，示意他走开。他无辜地看着我，然后两肩一耸，折身出去。只是门开着，留了大大的一道缝。

"人心是需要打动的，而话剧，也许是一种拯救之道吧！"

"于连双颊绯红，两眼低垂，他是个十八九岁的瘦小青年，看起来羸弱，面部的轮廓也不大周正，但颇清秀，还有一个鹰钩鼻子。一双大而黑的眼睛，静时显露出沉思和热情。此刻却闪烁着最凶恶的憎恨的表情。深褐色的头发长得很低，盖住了大半个额头，发怒的时候凶相毕露。他的身材修长而匀称，更多地显示出轻捷而非力量。"
（《红与黑》第四章《父与子》）

"我们说说当下吧，不谈过去。"李宗翰说。

他正忙于话剧《红与黑》的排练，在其中担纲于连这一角色。

而结缘《红与黑》，完全是一场意外的邂逅。李宗翰来上海为《绣娘兰馨》录音的时候，有一天录得很晚，他和几个同事去吃宵夜。突然有一个很有艺术家气质的中年女性走过来指着李宗翰说："你就是我要找的于连！"把李宗翰吓了一跳。

这个人就是大名鼎鼎的雷国华导演。

她当时正在筹备话剧《红与黑》，却一直为男主人公于连的扮演者而苦恼。一直没有特别中意的，而且她刚从美国回来，对中国内地的演员也不是很熟悉。碰巧她在一本杂志上看到了李宗翰的照片，觉得和她心目中的于连有几分相像。她还在四处打听这人是谁，没想到这一天就在饭馆里遇到了宗翰。

"最离奇的是，后来和雷导接触了才发现，我竟然和她是同一天生日，相同星座的人，自然共同点很多。"李宗翰说这就是缘分。气场相投，人与人便有缘分；同样，与你要做的事也有缘分。他永远记得自己初读《红与黑》时的震撼，而《红与黑》也是他后来一直最喜欢阅读的书之一。

再度回到阔别几年的话剧舞台，李宗翰说自己内心的感觉只可以用"纯粹、简单"来形容。相对于清寂的话剧，娱乐圈无疑是再热闹纷繁不过的。而人在江湖行走，又岂能少得了纷纷扰扰的是与非。沧海一声笑是有的，只是笑完之后，依旧要面对若干现实的问题。

此番演话剧，于李宗翰虽非永久性的选择，却至少让他找到了暂时的清静。舞台上临时搭建的背景，道具箱散发出独特的脉脉香味儿，这一切都令李宗翰感到新鲜而亲切。站在话剧中心安静的院子里，没有任何宣传或者助理簇拥相随。离开了镁光灯，他可以暂时不做什么明星，只是李宗翰自己。旁边的小孩经过，他们会跟他友善地打招呼，喊一声"李老师"，然后匆匆而过。

"人心是需要打动的。"李宗翰感叹地说。他向来是一个重情重义的人，清秀俊逸的外表下，其实掩藏着一颗悲天悯人的心。铁肩担道义，妙手著文章。那种古典的境界和情怀，是李宗翰深深向往的。"一切都变得娱乐，到哪里再去寻觅那些曾经的真诚？"他问我，似乎也是在问自己。"而话剧，也许是一种拯救之道吧！高尚的东西，高雅的艺术，总是有它存在和流传的道理的！而经典之所以可以一代代传承下来,是因为它们自身便具有旺盛的生命力,我们只不过是把这种生命力表达出来罢了。"他愿以一己之力,为话剧做点什么。即便这种付出是杯水车薪,微不足道。

为此,他甘愿冒着各种"危险":被利用的名气;被无限放大的明星光环;被诸多人的不予理解甚至指责……幸而,已经进行的短短15天的排练,并非没有成效——那些前来观看排练的观众,对他的演出赞不绝口:于连就是你的样子!他的心里终于有些许的释然。

原来,付出是值得的。

"人生不死,就永远会有希望。"

"宁可放弃这一切,也不能沦落到和仆人一起吃饭的地步。我父亲想强迫我,那我就去死。我有十五个法郎八个苏的积蓄,今夜就逃走;走小路碰不上宪兵,两天就到了贝藏松;我在那儿当兵,需要的话,就去瑞士。不过,这么一来,前程完了。雄心壮志完了,无所不能的教士这一类好职业也完了。"——(《红与黑》第五章《谈判》)。

"于连到底是一个好人还是一个坏人?"有人曾如是问他。

而人性的复杂,又岂能用简单的是与否来界定?在他的眼里,于连毫无疑问是有虚荣心的。而所谓不想当元帅的士兵,不是好士兵,哪一个人不是有虚荣心的呢?

也许,他的同义词还应该是人生规划、奋斗目标、梦想、追求……至少,李宗翰曾经如此。

"舞蹈学院、戏曲、戏剧……但凡跟文艺沾边的学校,我都上过了!"他如是嘲笑自己。每一次转身,每一个选择,别人看得不解,他当是甘苦自知。每一次只为更好,在别人看来,也许已经很好了。他却依旧不甘心平庸,不甘心被埋没,不甘心就这么平淡衰老下去。

起步的日子总是艰难。他依旧记得自己曾经的徘徊与彷徨。拖着沉重的行李箱,落寞地行走在陌生城市的街头。抬眼望去,触目皆是人家楼宇里散发出的灯光，温暖而昏黄，一盏盏，一片片，却没有一盏属于自己。那样的孤独与挫败刻骨铭心。

路是一步步地走，戏也终于可以一部接一部地拍。他成全了自己。

正如赵传高唱："我终于让千百双手在我面前挥舞，我终于拥有了千百个热情的笑容，我终于让人群被我深深地打动……"

一部戏，短则两三个月，长则半年。在别人的角色里流自己的泪，在转换轮回的角色里体悟人生的百般滋味。

"躺遍床的每一个角落，把身上所有的衣服都脱掉，每天晚上就像一个孤魂野鬼一样在房里走来走去，告诉自己，你要睡觉。可是闭上眼睛之后就跟睁着眼睛一模一样。"

在接受一次媒体访问时，他如此袒露心声，以致一度盛传他被抑郁症缠身。

他是天蝎座的完美主义者，当初的压力只为完美。"我想拍更好的戏，想要所有的男主角都来找我，可是事与愿违，在拒绝一次又一次机会之后，没有人来找我拍戏了。"

而最近他则被颈椎的疾病所纠缠，去医院做磁共振的检查，面对着令人压抑的冰冷检查机器，他大叫着夺门而逃："我不想死，我要活下去！"就如23岁的于连在戏里喊的那样！

对于曾经的种种，他已学会释怀，至少是部分的释怀："人生哪有完美可言！自己在戏里做到最好便是完美，不会再去苛求。"

于是，也有相熟的朋友质疑："宗翰，你少了棱角，多了圆润！"棱角是坚持，圆润是理解与包容。无所谓孰是孰非，只是不同境况下的心态而已。坚持可以是温和的，而圆润也未必是妥协。这只是不同的成长而已。

演戏，现在于他，是一份工作。只是，更较常人多了一份热爱而已。就为了"热爱"二字，他每部戏都无限制地透支自己的情感。

"别那么认真！"朋友友善地劝他。"不认真怎会做到最好？"他喃喃自语。

拍戏时结识"晓庆姐"，是又一大缘分。"真坚强！"他由衷赞叹。似乎所有的赞美与爱慕都隐在了这简短的语句里。而后者称赞他一句"演得真好",更令他惊喜不已。"人生不死,就永远会有希望。"读万卷书犹不如阅人无数,这正是晓庆姐给他的启发。

"我渴望被爱,为了爱可以放弃一切……"

"德莱娜夫人完全乱了方寸。她原来想赋予她接待时的那种贞洁的冷淡被代之以关怀的表情,她刚刚看到的突然变化使他感到十分惊讶,而惊讶生起了关切。早晨见面时所说的身体好天气好之类的废话,他们俩一下子谁都说不出来了。(《红与黑》第十二章《出门》)。

在戏里,他至少被两个女人怜爱并爱慕着:德莱娜夫人和马蒂尔德。前者给予的是一种近乎母性的美。李宗翰说,这会让他觉得很放松。"我身边的很多女性朋友,富有、相貌出众,也都无一例外地找了比她们逊色很多的男朋友……"就如德莱娜夫人之于连。我们摇头叹息。

爱情从来是缤纷而有诗意的。戏外的李宗翰曾经结束过一段持久的恋情,而现在对于爱情,对于婚姻,他选择了等待。独自等待。"不希望她是圈中人,生活得简单,平实,远离这么多是是非非……"演绎了太多波澜起伏、壮怀激烈的感情后,绚烂之极终归于平淡,平平淡淡的生活才是他想要的。

"我渴望被爱,为了爱可以放弃一切……"他说。听起来很像是煽情的台词。只是他内心表达的冲动。

"你真的要在这条路上走下去吗?"他承认,不止一个人如此问他。

没有绯闻,没有炒作,不上娱乐头条……在这个"泛娱乐"的时代,新人林立,李宗翰还能走多远?"能走多远,走多久,都不是我能预测的,我所要做的,是做好自己。"他的语气有着无比的淡然。

性格使然,抑或是信仰使然?"如果人生变成了一场战斗,充满了欺诈和陷阱,该是多么无趣和乏味!"

他有自己的九字真言："创天时，造地利，调人和。"他说，这是自己悟出的道理。"众生平等，与人为善，因果报应……人的欲望不要太强烈！"

在某一刻，他甚至感叹老北京文化的消失，幽深曲折的胡同，浓密葳蕤的大树，乘凉的人群……那种悠闲和惬意，都一并消失了。——那一刻，仿佛不是我们所认为的"浅薄"艺人，而是某一个公共知识分子。

人生贵相知。现在，他珍惜自己的亲情和朋友之情。三五知己，皆是圈外人士。闲时相聚，聊聊人生短长。浅斟小酌，一瓶红酒，便可偷得浮生半日闲。那时，他也是纯粹的自己。不必拘泥，不必掩饰。

生活中的李宗翰，依旧过得安闲静谧。在去往香港的飞机上读余华的小说《兄弟》，读到激动处潸然泪下。最近则爱上了散文的优雅睿智，枕边床头，俯拾皆是。听节奏舒缓的音乐，他特意向我推荐王力宏的新唱片《落叶归根》，笑言与自己心有戚戚．籍贯武汉，生在广州，长在北京……长时间满世界地跑，人生恍若浮萍，飘摇不定。喜欢看电影，《女人香》《蝴蝶》、阿尔帕西诺……也包括曾经风靡一时的《疯狂的石头》。我开玩笑问他对《变形金刚》的看法，"那不是我的风格。"即便隔着电话线，我仿佛也能看到他在使劲摇头。

他心目中的完美男人形象，是梅尔吉布森："他是出色的演员和导演，有低调的生活，妻子，孩子，低调地生活……"

人生最大的愿望，莫过于此。

梁家辉
渐臻圆融之境

梁家辉。殿堂级艺人,影响香江两岸的巨星……如果愿意,你可以往他的身上加诸很多璀璨的光环。100多个角色,获奖无数,也曾备受争议,褒贬不一。行至今天,他坚持做自己。看惯了世事变化,秋月春风,积淀下来的,唯有内心的安静。对他的访问,已经长篇累牍。这次,是我们眼里的梁家辉。

他的面孔，他的角色

"他眼波流转中，闪现一种与年龄不相当的鬼马气。他的面庞，总让人想感叹：他的身体，他的角色，见证了多少人的成长啊。"

他站着，注视眼前墙上挂着的《欣月童话》巨幅海报：海报上，戴着黑框眼镜的梁家辉胡子拉碴，头发凌乱，眼睛怔怔注视着前方。

"这是我吗？是什么时候的我？"这是梁家辉由来已久的困惑。对于演完的每一个角色，他都会有这样的困惑。

庄周梦蝶，或者蝶梦庄周。对于年少时即热爱阅读尼采和叔本华的悲观主义哲学作品，并深受影响的梁家辉，实在不能不说是一个大问题。

"我都已经忘记了自己那个时候曾经剪过这样的一种发型……"其实，这个角色于他而言，已经是继《苹果》之后的最新角色。

角色。对于演员到底意味着什么？对于梁家辉又意味着什么？先后的100多个角色，皇帝，懦弱的诗人，风光的黑社会老大，棋王，同样戴黑框眼镜的山村教师，当然还有法国少女的情人……对于梁家辉而言，100多个角色从他的身体和灵魂里面穿行过去，留下的又是什么？

他点上一根烟，在我面前坐下。这个老戏骨，50岁，已经可以跻身老男人之列。而明显看得出来，他依旧在与时间抗衡着。搞怪，插科打诨，开自己的玩笑。眼波流转中，闪现一种与年龄不相当的鬼马气。他的面庞，总让人想感叹：他的身体，他的角色，见证了多少人的成长啊。

他的生活态度是游戏人间，对待工作尤其如此。二十几年来，拍戏于他一直是玩。彻底投入，享受其间的过程。每一个角色，都是对生命的间接改变。他的习惯是，每拍一部戏，遑论两个月或者三个月，他完全以剧中人自居。用剧中人的身份面对生活的一切。摆脱旧我的负担，尝试新的一切。

无论如何，他希望银幕上呈现的是角色本身，而不是梁家辉。纯粹地为观众服务，是他不屑的。像所有的演员一样，他希望别人记住的是他的角色，而非梁家辉这个人。当然，这个基本上已经不可能。此前曾在香港演过一部喜剧。放映完毕，走在中环的马路上，旁人便"奇哥奇哥"地喊他。这是他最引以为傲的。

别人看梁家辉的演艺生涯，充满崎岖坎坷，在他自己看来，却并非如此。最为大家耳熟能详的段子，是得了香港金像奖影帝后无戏可拍反而去摆小摊卖东西。

手镯、手链，全部是自己和朋友手工制作，而且样式绝无重复之处。价钱在六七十港币左右。他不觉得自己那时是在做小商小贩。我们卖的是设计，他强调。那时的梁家辉，文质彬彬得就像《监狱风云1》里的年轻广告设计师卢家辉，生性耿直，而又冲动。监狱代号是94910，同样和周润发做难兄难弟的拍档。

初获影帝头衔那一天，举座皆是香港电影界的殿堂级人物。梁家辉就像是懵懂闯入的无名小子，满目的陌生。用他的话说，平时连跟这些人点头招呼的机会都不会有，居然一跃而成为影帝。

他甚至不曾领略分享过香港电影圈娱乐的光鲜与目迷十色，即遭封杀。心思过于缜密细致的人，也许会因此郁郁不得志。梁家辉却不以为然：那时他对演艺甚至尚无感情，全然一片空白。他更难得清晰地知道，那个奖实际上不是他拿的，而是李翰祥导演拿的。

是否会受宠若惊？他连连摇头。只是跟着李翰祥拍戏，让他学到了太多。演戏时，他是大权在握、黄袍加身的皇帝。演戏之余，他则变为剧组的电工、场务，替李翰祥抄写剧本、通知道具房准备东西、清洗机器、擦机器……甚至做沟通内地和香港双边工作人员的翻译，因为他的普通话学得比谁都快。

他去李翰祥的房间看他如何剪片，学习电影制作的过程。梁家辉笑自己一度充当片架的角色，李翰祥让他张开双臂，水平伸直。然后将胶片挂在他的胳膊上，活像活动变形人。他模仿当初的动作，乐不可支。

即使早已收放自如，也仍会紧张

"他当然懂得如何取悦自己。也会坦率承认，在电影镜头面前他早已收放自如，面对着摄影镜头，自己却仍会紧张。"

一杯蓝山咖啡。撕开一包糖，细细倒进去，谢绝牛奶。

眼前这个男人，能向世人展示的，绝不只是《情人》里，那个饱满结实、性感的男性。

从获影帝那年伊始，他便开始为《大公报》写专栏。800到1000字，每周2到3篇。知恩图报，时至今日，他依旧感激那位编辑对他的帮助。初获影帝既无戏可拍，收入没有固定来源，而专栏给他的报酬，即便今日看来，也已经足以优厚。

随着他的知名度的水涨船高，后来又干脆增加到每天一篇。他总是有内容可写：从看网球打瞌睡，到在陌生的酒店辗转反侧，难以入睡。人生的每一秒钟都在发生事情，只要你专注，并且去感受。他举例：蚂蚁缓缓爬过窗台是一件事，公共汽车驶过街头也是一件事。如果你愿意写，世间的万物都可入笔。

他不忘嘲笑自己，从前些年开始老花眼，看书超过10分钟就会觉得劳累。流眼水，干脆看不下去。

席间有人无意中提到《周渔的火车》里的角色。陈青，那个诗人。写出类似于"你青瓷般的皮肤"以及"溢满我的仙湖"之类无病呻吟的诗句。

"不太喜欢他。"梁家辉的语气难得地果断。"作为一个文人，太没有志气。不去享受自己应得的幸福，反而抱怨。倒是兽医能带给周渔一种满足。"他絮絮而语。

在一行人的簇拥下，梁家辉进入拍摄场地。坐在空落落的影院椅子里，他的身影看上去有些落寞。而站在影院的舞台上，似乎他又恢复了搞笑的天赋。摆出《黑社会龙城岁月》中黑社会老大的造型，极尽夸张之能事。

他当然懂得如何取悦自己。也会坦率承认，在电影镜头面前他早已收放自如，面对着摄影镜头，自己却仍会紧张。

谈到对城市的情感，他说对北京的情感更甚于香港。

旧香港的画面，已经记忆模糊。而旧日北京的画面，却宛如一帧一帧的镜头，清晰无比。

他曾经住在团结湖8路公交总站的一座房子里。一个人骑单车沿长安街，行至人民英雄纪念碑下。或者径直行至动物园，然后再原路返回。

一个冬天的晚上，下着大雪，街头静寂无人。他坐在人民英雄纪念碑下。眼前一片雄浑苍茫，近处只有自己的单车轧过的痕迹，还没有被雪花覆盖。

半夜里，拍戏之余，他站在故宫的顶上俯瞰。那种感觉很奇妙。他说，似乎看的不是故宫，而是自己的家。他穿着龙袍，戴着长长的辫子，一片漆黑，只有太和殿那边透着微光，影影绰绰的人走来走去。回头望，一轮圆月正悬挂在城楼上。

即便是曾经的皇帝，也没有机会这样看吧，他感叹。

早上5点半，拍戏出工。路两边是婆娑的树荫。阳光透过树缝洒落下来，在地面上形成无数个金色的斑点。一辆毛驴车，拉着一车水灵灵的大白菜，慢慢悠悠驶过。

去蒙古草原拍外景，他用手比画，那个时候草真的可以没过膝盖。晚上和马术队出去骑蒙古马，到草场深处，风吹草动，恍惚间像在海洋的深处。

拍完一组片子，他换上自己的贴身黑色背心。这件背心很是打眼，跟《监狱风云》里的那件几乎如出一辙。他笑自己爱穿旧衣服，这件黑色背心已经跟了他十几年。都说人不如旧，衣不如新。对梁家辉似乎是个例外。

现世里积极地活

"骨子里的悲观，渐次开出积极的花朵。而他的昂扬乐观，原本是植根于对人生苍凉寂寥的认识。现世里积极地活,只为求得生命的无憾与渐进圆满。"

梁家辉这个名字,已经和刘青云及黄秋生一样,成为香港影坛上挥之不去的传奇。

年轻的采访者面对他,很容易显现出内心的"小"来。这个小,因仰慕而生,因敬畏而生,甚或因幸福而生……白云苍狗,世事浮沉,而他仿佛是时空的坐标,亘古不变地伫立着。

他会回顾过去吗?他容易怀旧吗?他像我们一样疯狂地热爱自己曾经拍过的那些电影吗?他自言自己是一个不太爱回想的人,只爱往前看。只是那些戏里戏外的片断人生偶尔会在他的心头泛起涟漪。

譬如,我提到《英雄本色3》。提到他和梅艳芳、周润发。他的面庞便倏忽陷入回忆。彼时的胡志明市,更有一种废墟般的倾颓之美。满街是数百人的乞丐,和电影里的画面一模一样。战争的遗骨,黑人,或者是金发的美国人,出口却是一口地道的越南话。

电影杀青,徐克请剧组到胡志明市当时最高级的酒店吃饭。大家喝得微醺,意兴阑珊。梁家辉和自己的太太,以及梅艳芳、徐克导演,外加剧组其他人,200多人,意犹未尽地走在胡志明市夏日夜晚的大街上,甚至兴致勃勃地在广场前拍了一张大合影。

曾经有两年多的时间,他没有出来拍戏。外界猜测其中缘由,众说纷纭。他给出的解释却是风轻云淡。他曾经连续三年不曾休息,最多的一年接拍了13部戏。三年连续拍了36部。每天都不曾有完整的休息,回家最多待半个小时。他的孩子从0岁到3岁,正是他疯狂的工作期。

戏剧性的变化是,他有一天早上提前收工回家。两个女儿从厨房里跑出来,一看到他,却折身躲到了用人的身后。而他又发现,女儿讲话的语气语调,居然像菲佣多一些,唱菲律宾歌。

为了家庭而放弃工作,也算现世好男人之一种吧。

对演艺生涯没有过规划,没有过设计。

"再伟大的演员,比如卓别林,百年以后也不会有人记得你是谁了。现在进影院看电影的一二十岁的年轻人，已经觉得我是老演员。"而谢霆锋、余文乐、夏雨、佟大为……在梁家辉看来，这些人是更年轻的一代。一代一代，多快。

不会觉得可惜。别人的眼光与认同，已经与他无关。换而言之，那些外界的东西，已经左右不了他的内心。现在，可以在工作与家庭之间取得平衡，他已自觉满足。而他的祈愿，也与寻常男人无二：家人平安，女儿健康成长。

梁家辉抗拒娱乐圈这个词，婉言表明自己与此毫无干系。而对于现在的电影江湖，他不指点江山，只给出轻描淡写的评价。动辄太商业，或者动辄太主旋律，缺少起承转合，少了中间的悬疑。他以前辈的姿态肯定李连杰的进步，不再只摆炫酷的武术动作，而开始将自己的内心打开来。

影院宣传方将厚厚一摞《欣悦童话》的电影宣传海报拿来，摆在他面前。他也就认认真真地在每一张上签上自己的名字。

《欣月童话》的宣传语是：快乐，就是又快又乐！电影的故事里，每个人都因为自己为别人的付出而感到快乐。梁家辉形容这是一种纯粹的快乐。在宇宙的生命里面，人的存在只是一介微尘。

话音刚落，他突然发出奇怪的叫声。是有人帮他取来了奥运会的篮球门票。他站起身，夸张地将票抓到手里。扭过头来，孩子气地说："你看！快乐就这么简单！"

这个曾经的悲观主义者，年轻时曾害怕死亡，在浴缸里洗澡会近乎贪婪地专注观看自己青春的身体，想着它有一天会迟早消逝掉。骨子里的悲观，渐次开出积极的花朵。而他的昂扬乐观，原本是植根于对人生寂寥的认识。现世里积极地活，只为求得生命的无憾与渐进圆满。如他所言：生命里的最后审判，审判者不是耶稣，而是自己。

貌似矛盾着的梁家辉。文艺着的，有着哲学意义上的悲天悯人的梁家辉；打打杀杀，跌跌撞撞拿出手枪和炸药，在黑道江湖上奔波着的梁家辉。其间的距离，到底有多远？世人都在选择自己的路，无论是懦弱还是坚强。在生活里不曾经历的，在角色里都要经历到。当大哥最保险，至少不会遭人乱砍。他又是一笑。尽量真实地还原黑社会：为什么要加入黑社会？为什么会砍死一个人？如他所说，都有各自的道理。

人生就像蚂蚁一样，不知何时会离开。在一切尚不明朗的状况下，只有enjoy每一天。这是采访中，他最后的感叹。

林俊杰
冒险的旅程

  在快速崛起的新一代歌坛偶像中，林俊杰无疑是其中的佼佼者。单就外形而言，他不会占到绝对优势，但其时而邻家男孩般可爱、时而劲歌狂舞的多变形象，却令无数人为之倾倒，让他成为颇具影响力的乐坛小天王。

终于找回了真实的自己

"我有些迷失和困惑，甚至我的信心也部分受到了打击，不知道大家（歌迷）要听什么。"写些迎合或者取悦市场的作品，——而非发自内心地去写，表现得极为刻意。我只有不断地去反省自己，不断地去寻找新的力量。探索的旅程并非一蹴而就，而我也终于找回了真实的自己。"

"乐队的彩排，服装的调整，舞蹈动作的设计和训练，一切都在有条不紊地进行。"对于此次的演唱会，林俊杰显得自信满满。

站在演唱会的舞台上，林俊杰说，自己是属于话比较少那种，不会像很多歌手那样喜欢长篇累牍地进行煽情。"肯定不能像现在的聊天一样，演唱会毕竟是以演唱为主，那个时候，我总是愿意把话尽可能地减少，而把音乐更强大地表现出来。"

他笑言，对于演唱会，自己虽说不上是久经沙场，但也已经有过数次的经验。"人数越多，我越会high，而比较近距离、人数少的那种，反而会让我比较紧张。我希望这次演唱会可以跟歌迷有更好的互动。"

2006年，林俊杰在上海举行出道以来的首场演唱会演出。至今回忆起来，仍令他"心有余悸"："我那时真是非常紧张，而且那是一次户外的演出，大概有3万多人，我感觉自己非常僵硬，说的话，哇！现在想起来，简直不知道自己在说什么，完全不知所云。情绪很high，但是，意识有些迷糊和混乱。"他自我检讨："虽然跳得也不错，唱得也不错，但是少了一点自由自在的心情，完全是在做动作。"第一场难免会拘谨一些，他承认，这同时也是一个很好的学习过程。随着演出场次的增多，他可以慢慢把握现场观众的反应，及时调整自己的状态，与观众互动，甚至开始讲些笑话，插科打诨，活跃现场气氛。

"而我之前也曾尝试讲笑话，但那都是货真价实的冷笑话，观众听了之后几乎都没有反应，令我好尴尬。"

从2003年出道伊始发行唱片《乐行者》，林俊杰始终强调音乐的价值。"它是休闲的工具，可以给人带来愉悦和放松，同时，它也给人带来激励，把人从落寞和沮丧的状态中拯救出来。"他强调，"音乐的力量很大，音乐对我个人而言意义重大，它应该是我的使命吧。"

除了自身是一个创造型的歌手，林俊杰自己也非常喜欢听各种各样的音乐。"嘻哈，摇滚，RAP，R&B，……这些音乐给了我强大的动力和能量，让我可以继续走下去。"

出道的头三四年，他的发展都尽如人意，并无任何重大挫折。但是渐渐地，他遇到了自己的瓶颈，碰到了方向选择的问题。"我有些迷失和困惑，甚至我的信心也部分受到了打击，不知道大家（歌迷）要听什么。"那个时候，他愿意写些迎合或者取悦市场的作品，——而非发自内心地去写，表现得极为刻意。如此创作，并不是最适合他的，这令林俊杰很是痛苦，但似乎没有路径可循。

"我只有不断地去反省自己，不断地去寻找新的力量。"探索的旅程并非一蹴而就，而他也终于找回了真实的自己。令他感恩的是，在这个过程里，大部分的歌迷依旧不离不弃地支持他，尽管也有人弃他而去。"有些人的确因为我的改变而离开我，但是更多人选择了相信我。"

大部分的时间，他听西洋音乐、交响乐，电影原声带是他的最爱。而他最大的梦想，就是可以为自己喜欢的一些电影做配乐。

随波逐流的东西，是永远不会跳出来的

"不是为了叛逆而叛逆，而是一种生活理念，是追求一种内心的东西。在大家都没有信心的时候，你可以做出一些事情，这才是真正的引领潮流。而随波逐流的东西，是永远不会跳出来的。"

林俊杰的亲民形象令他大受欢迎，同时他承认，歌迷有时也会给自己一些压力。"的确如此，尤其是一开始的时候，如何去面对歌迷，是我最需要考虑的问题。比如，我需要在他们面前露出笑脸，把自己的不开心隐藏起来，不能让他们知道我的真实想法，心情不好的时候，不想让他们知道，生病的时候，也不想让他们知道，因为怕他们伤心。"

而现在，林俊杰坦言自己可以真实地面对他们："我和我的歌迷都在成长，他们希望看到的是我真实的一面，而不是藏起来的，或者是被刻意包装过的，我的脆弱与偶尔的软弱，他们会看到。"

"我天生就喜欢旋律，喜欢节奏，有节奏感的东西总是会吸引到我。"天性重要，后天的勤奋和努力更为重要。林俊杰把自己的成功归结为勤奋，"每听到一首好歌，我总是逼迫自己也写一首出来。"

人的兴趣会有很多，但是绝大部分人都在做着自己并不愿意从事的工作。选择自己的兴趣，作为职业，的确是一种勇气。而之所以选择音乐，林俊杰大笑："我比较爱冒险，比较不怕死。我觉得自己是一个一旦作出选择，就会不顾一切的人，一旦相信，完全不管不顾，投身进去追求它。这就跟追女生一样，如果碰到我喜欢的女生，我会不顾一切地去追她！我的这种表现，说得好听呢，叫勇敢，说得不好听，就叫傻或者笨！"他不忘随时自嘲。

而为了追求音乐，追求梦想，他宁愿自己贫穷而无怨无悔。他的人生哲学是，放下才会得到。如果你什么都不放下，那么你最后什么都得不到。

新加坡素来重视教育，万般皆下品，唯有读书高，文凭与学历，更是华人家庭子女孜孜以求的目标。而林俊杰最初选择音乐，照例是遭到了父母的反对。"他们希望我稳定，但我就是这么一个叛逆的小孩，人家要的，我偏偏不要，人家不要的，我偏偏要得到。"

也是基于这样的心态，他说，自己才要在经济不景气的时候做这场演唱会，逆势而上，不按常规出牌，向来是他的个性。不是为了叛逆而叛逆，而是一种生活理念，是追求一种内心的东西。他喜欢"逆势而上"这四个字，并且曾经画过一张卡片，一个人在风浪滔天的水里，奋勇向前。"在大家都没有信心的时候，你可以做出一些事情，这才是真正的引领潮流。而随波逐流的东西，是永远不会跳出来的。"

他永远是引领潮流的那一个。

人生是那么精彩

"整个过程我在寻找自己,一个新的突破,一个新的方向。这个过程并不代表我不好,而是处在另外一种状态,只是这个状态是大众少见的,或者比较不适合我的。其实我非常珍惜那种摸索的状态和过程,因为只有经历了这个过程,走出洞穴的那一刻,你才会真正感受到光明。而看到光明的那一刻,你也才会感受到人生是那么精彩。"

演艺圈也从来不缺才华横溢者。林俊杰说,自己每天都可以感受到压力。"事情做得越大,质疑你的、怀疑你的人也会很多,"树大招风,木秀于林,风必摧之,倒也是人间常态。"我每天都在告诉自己,你要把它当成是一种学习,我想不管在哪一行,都会有这种状况存在吧!压力是人生的一部分,也可以让我自己挑战自己。它也是成长的一部分,是件好事,我不会说:哇!怎么会是这样子!"他做了一个夸张的动作。"毕竟,没有什么东西是完美的,如果一切皆完美,就失去了挑战的意义。"

就像最初遭遇瓶颈期,时间长达两年之久。"整个过程我在寻找自己,一个新的突破,一个新的方向。这个过程并不代表我不好,而是处在另外一种状态,只是这个状态是大众少见的,或者比较不适合我的。其实我非常珍惜那种摸索的状态和过程,因为只有经历了这个过程,走出洞穴的那一刻,你才会真正感受到光明。而看到光明的那一刻,你也才会感受到人生是那么精彩。"

他把自己定义为是"创意人",而反倒平衡的挑战是每天都会遇到的。"你如何平衡你自己?人家认为的你的样子,是不是你想要的样子?人家希望你成为的样子,是不是你想要的?未必每次都是一样。那么,你如何去坚持自己,或者获得一个平衡,让你自己接受,让大家也接受,就是一个问题。自己的内心与外界的认可,永远是需要balance的。我永远是在寻找这两样的平衡,从去年到现在,我觉得自己找到了一个内心与外在都能接受的平衡度。"他自我解嘲:"因为我比较慢熟,所以成长会比别人慢一些。也需要时间让大家认识我,留出时间让自己成长。这样也好,因为慢熟而形成的关系更具有持久性。慢慢来,一步一步来。"

林俊杰说自己在中学时学到的一点是:"永远都有最好的,完美一直都在前面,不可能安于现状。我会永远保持这样一个信念。"而另外一个极端是,他说自己无比珍惜现在的每一刻。包括自己所取得的成就。"对我来说,音乐是上天赐给我的一个礼物,我要好好运用它,把它做成我心中最理想的样子,取得一些回应与分享,给大家带来安慰或者鼓励。悲情的音乐可以让大家去宣泄,而积极的音乐则可以为大家指明方向。"

林俊杰对于自己的将来,有着明晰的打算。他说:"我喜欢的一些歌手,比如迈克尔·杰克逊,他是流行歌王,另外,贾斯汀也是我非常敬佩的,在潮流方面他影响着我。潮流趋势、服装与音乐,我希望自己都会有所涉及。一切都是相同的理想,只是用不同的输出管道把它表达出来。这是近两年来我的目标和探索的方向。甚至在影视方面,我也有考虑,总之就是让大家看到一个更多元的林俊杰。"

"有时候还真希望自己可以变得更为成熟一点,变得更像大人一点,——其实我的思想比较成熟,只是表现出来的方式比较像小孩子。我还有很多的梦想,很多的挑战,很多的计划,也有一些东西需要去承担。"

拍摄时,外边围着一群慕名而来的男女生歌迷。林俊杰从花店里走出来,立刻有女歌迷围上去索取拥抱。"啊!我今晚不洗澡了!"一个女生尖叫道。

谈到刚才的场景,林俊杰大笑:"我的歌迷跟我一样卡哇伊。"无论何时,他的身上总是散发着一种挥之不去的青春气息,弥漫着淡淡的校园味道。"这是上天给我的另一个礼物吧!我自己的个性也像小孩子,喜欢一样东西总是很着迷。没有心机,没有钩心斗角,比较单纯,这一点可能朋友们也都会喜欢。我也不知道好还是不好,呵呵!"

希望自己变得更为成熟一点吗？林俊杰哈哈大笑："有时候还真希望自己可以变得更为成熟一点，变得更像大人一点，——其实我的思想比较成熟，只是表现出来的方式比较像小孩子。我还有很多的梦想，很多的挑战，很多的计划，也有一些东西需要去承担。"

听音乐，做音乐，已经占据了他生活中最多的时间。除此之外，林俊杰非常喜欢运动。游泳、打篮球、羽毛球，甚至乒乓球，都是他的爱好。而最拿手的，则是乒乓球和羽毛球。打电动游戏，看电影，看DVD，喜欢闷在家里上网。"勉强算是宅男吧！"而他性格开朗，也喜欢交朋友，"只是很喜欢待在一个安全的空间里，感觉不被打扰。"

他给自己的另外一个称谓是"收藏者"，喜欢收藏各种东西：DVD、球鞋、限量版的牛仔裤、玩具公仔……"我真的很爱收藏，哇！东西越来越多，简直都没有空间了。收藏是一种爱好，也是一种欣赏。油画、涂鸦……"

音乐的创作与尝试是冒险，认同尚不为大众所知的潮流也是一种冒险。至于情感方面的冒险，"如果去追求一个大家都认可的女孩子，好像太没有创意；有时我反倒想，要不要去追求一个对我来说实在是不可思议的女生，哈哈！比如说一个个子非常高的女生，像林志玲，一定会很好玩！比如该讲什么话，怎么去跟她要电话。"

对他来说，感情的问题从来不是问题。"一切还是顺其自然。"

刘嘉玲
美人如玉，历久弥珍

刘嘉玲真实的生活远胜于所饰演过的角色。

弹丸之地的香港，纷纭热闹名利场上，她如鱼得水，知名度从来如日中天。

光亮未曾暗淡过半分。而她与梁朝伟间的爱情，却一度是她心中隐隐的伤。而爱情，也始终是她参不透的禅。在世俗的目光里，分分合合，散聚别离，赚足世人眼球。时至今日，20年的爱情马拉松，终于修得正果。

执子之手，与子偕老。刘嘉玲也终于可以扬眉吐气地宣称："爱情是我最大的骄傲。"

而生活中的伴侣，与刘嘉玲始终不离不弃的，除了梁朝伟，更有SK-II出其左右。既性感，妩媚，又富有远见，卓识。肌肤与心灵的双重更生，缔造出愈加光彩夺目的刘嘉玲。

想等一个让我再有冲动去演的角色

人到中年的刘嘉玲似乎越来越适合演绎这些内心复杂、眼神苍凉的女人。张爱玲被传诵已久的那句话"生命是一袭华美的袍，上面爬满了虱子"，仿佛早已为刘嘉玲写下注脚。她早就到了可以演绎一个女人一生的阶段，让她的演技永远消化在那些偶有灵光一现的角色里是很可惜的。

1986年从影，出演成龙独立制片作品《扭计杂牌军》一举成名。然后是王家卫的《阿飞正传》，许鞍华的《上海假期》，关锦鹏的《阮玲玉》，刘镇伟的《东成西就》，王家卫的《东邪西毒》……

从20世纪90年代一路走来的刘嘉玲，上一次让人印象深刻的出场是《无间道2》里心机颇深的大佬女人，而在《好奇害死猫》里，她不动声色地完成了"一场主妇和二奶的PK"。人到中年的刘嘉玲似乎越来越适合演绎这些内心复杂、眼神苍凉的女人，熟悉她的观众或许已经忘记了她在《阿飞正传》里曾经是多么理直气壮的天真和物欲。

正如有人评价的那样，对于刘嘉玲的演技，不知香港电影圈里有多少人认真对待过，因为她的一句"最喜欢自己在《大内密探零零发》里的演出"，而被多少人挪揄成"因为从来没拿过什么奖，所以在电影里假装拿奖过瘾也是好的"。近年的刘嘉玲，相对于电影圈的确是有些若即若离。

而刘嘉玲却早就到了可以演绎一个女人一生的阶段，让她的演技消化在那些偶有灵光一现的角色里实在很可惜。虽然《东成西就》里的周伯通是一次何其出彩的表演，《自梳》里和杨采妮的对手戏也女性化得非常细腻，还有《海上花》里听起来最顺耳的上海话，可以说亮点不少，但是她始终缺乏一部称得上是属于刘嘉玲的作品。然而所谓"量身定做"是何其难得，多少女演员在漫长的等待里消耗尽了青春和灵气，刘嘉玲是否能演到一部真正代表她的电影，很难断言。毕竟，最好的年华，已经过去了。

"有的人每逢颁奖，就是可以天时地利人和。""想等一个让我再有冲动去演的角色。"这是若干年前接受访问时，她所说的话。而我们始终不曾知晓，到底哪个角色是她的最爱。

对于我们这一班看客而言，最好的角色恐怕还是刘嘉玲自己。

结婚只是一个仪式，但我一定会做

"多谢大家千里迢迢来到这个神圣的地方参加我们的婚礼，相信这是缘分让我们在这里相聚，也希望大家都能分享我们的喜悦。""结婚只是一个仪式，但我一定会做，因为想母亲在婚礼上看见我有多幸福！"

天下有多少女人因为梁朝伟结婚而黯然神伤，多少人发自内心地为刘嘉玲终于赢得伟仔而为她由衷祝福。

喜马拉雅山脉的不丹。人们津津乐道于这场婚礼的铺张。Uma Paro酒店，由不丹当地最德高望重的僧侣证婚，20位喇嘛诵经祈福。婚礼共开20席，专程请得曼谷五星大酒店的米其林三星大厨来主理婚宴菜式，包括龙虾、鱼子酱、生蚝和松茸等9道菜式，有不少材料更是由泰国空运过来，连带名贵红酒、香槟和威士忌的酒水开支，宴会费用接近百万港元。在曼谷机场的免税店购得数十瓶Moet&Chandon（酩悦）香槟，两人的好友邱宽离送上35年Golden age威士忌一箱助兴，不由令人瞠目结舌。

而刘嘉玲着不丹传统服饰，与一袭白色礼服的伟仔，经由酒店一条满是白色花束的小路步行往帐篷举行婚礼。在婚宴上，刘嘉玲不穿大红金银，改穿一袭Gucci粉红色tube dress，露出香肩，妩媚动人。据悉，这袭晚装是Gucci特别为嘉玲由米兰总部运往不丹的。

"结婚只是一个仪式，但我一定会做，因为想母亲在婚礼上看见我有多幸福！"刘嘉玲曾说。

援引香港《星岛日报》报道，婚礼期间有近50名嘉宾上台祝福一对新人，大部分更讲到眼湿湿。

狄龙："今日要叫你作'伟哥'，（台下的伟仔马上笑说叫伟仔啦！伟哥这个名不好听！）你现在是新郎哥，怎么能叫你新郎仔！"逗得现场一阵笑声。

王家卫："这几日我住在这对新人的楼上，前两日见到嘉玲戴着帽子，一早起身跟伟仔去爬山，这个不是我平日里见到的刘嘉玲，当看到他们的背影，我觉得好感动！"

林青霞："刘嘉玲是一个很知道感恩的人，希望她永远幸福快乐！"

身为嘉玲好姐妹的王菲并未上台致辞，由老公李亚鹏代说了一堆得体的祝福话，台下的嘉玲笑言："王菲好在嫁了个这么识大体的老公，正如不喜欢讲话的梁朝伟，娶到一个我这么会讲的老婆！"再次惹来宾客狂笑。

嘉玲换上婚纱与伟仔出席自助餐派对，进行切蛋糕仪式，并和亲友合影留念，气氛热闹。稍后王家卫在宴会代表宾客致辞给予新人祝福，满脸幸福的刘嘉玲更是对嘉宾感激答谢："多谢大家千里迢迢来到这个神圣的地方参加我们的婚礼，相信这是缘分让我们在这相聚，也希望大家都能分享我们的喜悦。"

婚礼仪式举行时，一对新人穿着传统服装出席，后来才换上白色婚纱。天空不时下起毛毛细雨，在婚礼仪式后，现场特举行传统烧树仪式祈求停雨；不过，根据不丹习俗来说，下雨代表神圣的意思，英文叫"RAIN of Flower"（花之雨）。伟仔和嘉玲穿礼服走过花朵布置的小路时，刚好下雨，而切结婚蛋糕时又刚好停雨，被视为好兆头。

他送给我最值得纪念的不是一件东西，而是一种理念

"他送给我最值得纪念的不是一件东西，而是一种理念，是个概念，没有实质，但在我而言，是很珍贵的礼物。""我们的感情就如同一个圆圈连着一个圆圈，一年比一年更大、更深。人最终都会生老病死，总会有分开的那一天，所以在一起的每一天都要珍惜。"

当被问及"最喜欢的花"时，刘嘉玲选择"香水百合"。平时生活里，刘嘉玲一定不会让家里的花瓶空置："我最喜欢收到花，觉得是一种爱的传递。不论是朋友、老公，还是家人送的花，都会感受到一种感情的表达。"说这话的时候，嘉玲好像已经看到一大束鲜花捧送到眼前。

"我们两个人在一起已经很有默契了，不需要刻意的生日礼物。"那梁朝伟送给刘嘉玲最值得纪念的礼物是什么？"他送给我的最值得纪念的……"嘉玲沉吟片刻，终于给出一个很深奥的答案，或者她又一次不愿意跟太多人分享，"他送给我最值得纪念的不是一件东西，而是一种理念，是个概念，没有实质，但在我而言，是很珍贵的礼物。"

而此番的结婚，于刘嘉玲而言，又何尝不是一个超级大礼包！

"不过演戏是需要带一点压力的。"刘嘉玲的语气好像在教育小辈。问她对梁朝伟接下来的演艺道路还有什么期望，还需要一个什么影帝吗？"不用了吧，他已经是很有成就的演员了。不过也不能就这么满足，他想更上一层楼的话，必须付出更多。"

刘嘉玲坦言自己想结婚的念头是因为父亲忽然过世造成的遗憾，她不希望妈妈成为她的第二个遗憾。父亲过世让她觉得人生无常："爸爸看不到我结婚嫁人，是个永远弥补不了的遗憾，趁着妈妈仍健在，我不想再让她有所遗憾。"刘嘉玲表示，许多人以为她想结婚是受好友王菲、那英的影响，其实不是。至于是否打算生孩子，她也觉得每个人生活态度不同，她会走自己的路。刘嘉玲说，她与梁朝伟交往多年，互相影响，手牵手这么多年是非常幸福的事，相处之道是必须互相忍让。刘嘉玲强调，两个人在一个屋檐下不容易，连她自己有时都会讨厌自己的某些想法与做法，何况是对另一个人。很多人以为她热情、伟仔沉郁，其实她有时也喜欢静静一个人，"伟仔也有阳光的一面"。

正如刘嘉玲所说的，十多年来，能够维系这份感情，那是经营和忍耐的结果："这么多年来，我们都在往前走，总是不停地用新东西去吸引对方，尊重和欣赏是最重要的。"刘嘉玲曾形象地用"年轮"来形容这段感情："我们的感情就如同一个又一个圆圈，一年比一年更大、更深。人最终都会生老病死，总会有分开的那一天，所以在一起的每一天都要珍惜。"不管在哪里，每天互报平安，是她和梁朝伟的必做之事，而每个节日、纪念日，两人更是会一起过。

刘嘉玲的智慧，就像她在《大内密探零零发》里饰演的周星驰的妻子，聪明看世情，糊涂一颗心。"我不算很有智慧的人，但也不是很笨的人。我挺喜欢'零零发'里的那个女孩，她的时间、爱好全都随着老公，因为她心里只有这个男人。她有时也会装傻——装傻其实挺难做到的，相处中大家都会很冲动很直接地冲撞对方。心里有事却用缓和的方法讲，要靠一点点技巧，你必须找到一个很舒服的沟通方法，如果你珍惜那个人的话。"也有人说她傻乎乎的。"傻也好，聪明也好，我自己自在就好。每个人使自己开心的方式都不一样。我也是找到让自己开心的方法，所以我有现在的生活方式。"接受采访时，嘉玲曾说："我经常对着镜子跟自己讲话，问自己这样做怎么样？把想法对着自己说。这样会比较容易看清自己。"

刘烨
寻找梦想的天堂口/寻找爱情的天堂口

"常言说：戏如人生，而我更赞同这句话：人生如戏。那些主动或者被动的选择，身不由己的角色设置，投身进去，便是另外一层人生。你以为是在演绎别人的生活与情感，其实又何尝不是在扮演自己！"刘烨如是感叹。人生反复层叠，他已领略其中滋味。成名前的奋斗与挣扎，历经局外人无可知晓的绝望与苦闷；骤然成名的得意与轻狂，也曾令他一度迷失自我，陷入迷茫的漩涡；正当他的生活似乎进入正轨之时，却陡然间传出与拍拖多年女友分手的消息——有人的地方即有江湖，有明星的地方即有八卦。江湖用以行走，八卦则用以咀嚼。

尽管身处是非纷扰的暴风雨中心，刘烨摇头："这么多年下来，我依旧不习惯被人谈论……"在娱乐浪潮甚嚣尘上的攻势面前，他的这番话显得无力又苍白。如同往茫茫海水中投入一粒石子，不起丝毫波澜。

纵然无人理会与关心他的内心感受，刘烨依旧迈出了改变的一步。在最新影片《天堂口》中，他一改往昔诸多阴柔、孱弱的造型，扮演体格健壮的黑帮老大，开始以硬汉形象示人。"我要展现自己内心坚强的一面。"

即便失败了，也可以重新来过

从LV到GUCCI和AMARNI，各大品牌的秋冬新款服装已经挂满了几排衣架；摄影师在指挥着布置灯光，以寻找更合适的拍摄场景；化妆师在化妆镜前打开了各色用品：粉底、刷子、修容饼、唇膏、男士腮红、上妆油……

他兀自端然坐在餐厅的一隅，享用属于他的午餐：一份配料丰富的伊波吕拼盘，涂上秘制酱汁烤的鳗鱼，地道越式鲜胡椒炒蟹，一小份烤蔬菜水果沙拉，一杯清凉的西柚苏打水……他用刀叉将盘子中的食物送入口中，安静咀嚼，不曾发出任何大的声响。似乎眼前的忙碌景象与他无关，抑或是他早已习惯了这一切。

对他来说，这只是一次寻常的拍摄。

曾经同刘烨有过一次交谈，是在拍摄完《满城尽带黄金甲》之后。这部电影非但没有给他带来一贯的声名，他的演技反而为人所诟病；彼时，他也正经历着同前任女友分手的情感危机。落花有意，流水无情，风流总被雨打风吹去。透过电话线，听到那略带慵懒和倦怠疲惫的声音，令人不难想象他那时的无奈。

而最近一次见到他，则是我对《天堂口》导演ALEXI TAN 的访问。刘烨恰巧也正在同样的影棚作拍摄。拍摄间隙，便看到他裸着精壮黝黑的上身，同熟识的人打招呼，一副极天真而豪放的样子。

用餐完毕，他径直坐到了化妆镜前。边化妆，边和相熟的造型师聊天，声音不是很大，勉强可以听到"房子、顾长卫、升值、东三环"之类的字眼儿。"我给家人都买了房子，轮到自己要买的时候，房子的价格都飙升了……"他终于将音量提高得稍大一些。言毕，便是呵呵地笑，神情几乎堪称"憨态可掬"。

这时的刘烨，宛若寻常人，世俗而真诚。

>"我想我还有'赌'的余力，愿赌服输。毕竟还年轻，即便失败了，也可以重新来过……"

话题自是从他的新影片《天堂口》聊起。

他、吴彦祖和张震，兄弟三人，带着年轻人的追求和向往，自乡下去大上海闯荡。最初的梦想是做一名高级餐厅的侍者或者领班。在追梦的过程中不断失望，发现武力才是通向更好生活的不二法门。野心渐次膨胀，开始愈加不满足于自己的卑微，兄弟情谊也因彼此的价值取向发生变化而出现分歧，于是上演了一幕爱恨情仇交织的人生剧。

他注视镜中的自己，絮絮讲述角色，似乎依旧沉浸于影片的故事中。

"在戏中你找到自己的天堂口了吗？"我忍不住打断他问。

"每个人都有自己的梦想，舒淇扮演的歌女梦想是成为上海滩最红的歌女，张震是要完成自己的使命……梦想实现的那一刻是站在了天堂的入口，但是进入之后真的就是进入天堂了吗？没有人知道。"他摇头，轻微叹息，神情略带一丝落寞。

他剧中的扮相，尝试反派，一扫往昔的忧郁和纤弱，变得刚硬甚而残暴。"此前，在下意识里，即便我形容自己，也会用到诸如'内敛'之类的词语，我希望自己可以打破既往的固定形象，找一个极端的角色。要反叛就反叛得彻底……"

挑战新的自己固然可喜，但担忧并非全然没有。"戏演多了，其实走中间地带是最保险的，至少别人不会指责你演得不好；而演极端角色的危险在于一旦失败，你必将被别人嘲讽甚至……"他清醒地知道自己的选择，心里依然想赌一把。"我想我还有'赌'的余力，愿赌服输。毕竟还年轻，即便失败了，也可以重新来过……"他的语气淡然，其中却似乎蕴含着"风萧萧兮易水寒，壮士一去兮不复还"般的悲壮。

"改变确实需要勇气，你看我的眼睛，里面虽然全非善良，但一定是很老实……"说到这里，他忍不住先笑出来，令原本有些拘谨的采访显得轻松了许多。"不像孙红雷，他在画面上一出现，就会有说服力……"于是刘烨尝试模仿阿尔·帕西诺在《疤面煞星》里黑帮老大的扮相，眼神凌厉而凶狠，心理优势强大，这都是他从前所不具备的。

"我曾经看过一篇关于我的报道，意思是说我没有什么演技，就只会摆眼神、不说话……我看了之后觉得很不服气——你知道，有时候，我是一个很较劲的人，"说到别人对自己的批评与指责，刘烨反倒有着异乎寻常的冷静。"《满城尽带黄金甲》之后，还有不少说我演的都是些'面'的角色……说着说着，就由角色转到对我本人的评论了，说我本人就挺'面'的，其实我不是那种人……"他嘿嘿地笑，他脸上的表情看上去依旧腼腆。

"咱不面……"相熟的化妆师边半真半假地开玩笑，边小心翼翼地在他的脸上敷上一层粉底。"说你面的人真是不了解你……"

"演戏这个行业，都这样，由关注角色，转换到对演员自身的关注……这是没有办法的事情。"言毕，他怔怔望着镜中的自己，不再说什么。

我开始学会了尝试去理解和宽容

"现在面对生活中发生的一些问题，我开始学会了尝试去理解和宽容……"

年纪轻轻即凭借电影《蓝宇》中的角色击败梁朝伟等热门人选，夺得当年的金马大奖。而在此前的访问中，刘烨也坦然承认自己曾经一度在盛名之下心态的浮躁与迷失。

"现在想想，那会儿我只是一个刚大学毕业的小孩，在突如其来的物质与声名的冲击下，一下就被打晕了，找不到生活的方向。"在台湾和香港接受诸多媒体的访问，回到北京，每天宾客如云，喧嚣络绎。刘烨一时风光无很，无人能出其右。

"现在我的心态变化颇大，"他又恢复至沉稳神色，"那时还是太浮，沉不住气……"他接过助理端来的一杯水，说了句："莫塞（音译）！"旋即笑着给我们解释："我说的是法语，'谢谢'的意思。"

他呷了一口水，"现在第一是不着急了，更注重生活的品质和乐趣，会更注重拍戏的过程……慢慢地贪图享受比较多了，怎么说呢？就是更成熟了吧！看事情心态宽容些了，对，这是很重要的，学会宽容了。"

他稍许沉默。"其实宽容是个挺难的事，成为先知先觉或者圣人？不，我还没有到达那种境界，不过以前有什么事情别人做得对我不好，我会特生气或者较真，但是现在面对生活中发生的一些问题，我开始学会了尝试去理解……"他停止讲述，似乎有些犹豫，"讲得太多了，老觉得是在夸自己，呵呵。"

他所提到的"宽容"和"理解"无疑令我联想到一度闹得沸沸扬扬的他与前女友谢娜的分手事件。伤痛有时令一些人止步，也总有一些人会从中汲取成长的力量。总是生活历练的一部分。

刘烨一度曾热衷于过夜生活，泡吧、喝酒，现在则对热闹多少有些排斥，喜欢安静。对曾经热衷的CS之类的电玩，也不再迷恋，他曾经对我炫耀自己是打CS的高手。最长的时间曾经在电脑前坐了20个小时，他说自己是特别容易沉迷在虚幻世界里的人。"沉迷在虚幻的世界，比较容易逃离现实，而且有某种孩子气，"不过他说，"有孩子气并非不好。"

同刘烨接触，总觉得他身上始终有一种摇摆不定的气息。这种气息会让人心慌，产生不安定的感觉。他也坦然承认，自己是一个戒备心很强的人："陌生人跟我在一起会觉得紧张，我内心总有一种对人的距离感和隐约的戒备。事实上，我往往需要从对方身上获得一种强烈的安全感，也许是内心自卑的迹象。自卑与自信，勇敢与怯懦，在每个人体内会交织出现，只是表现的程度会有不同。"他曾经说过的话，我一直记得。

现在，他说自己正在努力将心打开。

"最近我也刚去过一趟泰国的普济岛，算是度假吧，游泳、潜水、晒太阳、健身……慢慢学会享受生活。"

谈到首度同吴彦祖和张震的合作，刘烨似乎感触颇多。

"他们的生活态度尤其让我觉得羡慕而印象深刻。拍完《天堂口》，吴彦祖要休息半年时间。我问他，你休息时会干吗？他说我要去玩儿，去度假，去非洲……我听后感觉惊讶——他们的心态特别好。"

"那么你会有这种想法吗？比如拍完一部戏让自己轻松一下？"

他摇头："没有，至少在去年以前，我都是拍完一部戏马上就接着拍下一部戏，一个剧组一个剧组地赶……"

"内地的艺人似乎都是如此，马不停蹄地一部部拍戏，你如何解释这种现象？"我忍不住问道。

他稍加思忖："我自己一直就有这种紧迫感吧！你知道，现在中国各方面都发展得非常快……"听到此处，我笑着打断他："所以你要与时俱进是吗？"他不理会我的玩笑，兀自说下去，"现在成为明星似乎太容易了，一个好的电视选秀节目，或者一次成功的炒作，都会让很多原本默默无闻的人瞬间走红……也许如果你不拍戏可能很快会被新人取代，所以有时我会觉得心里不踏实……"

谈及此处，刘烨一脸的严肃："而且，现在大家接受新鲜事物特别快，如果没有新作品出来，也许会容易被忘掉……确实会有这种担心。"

他话锋一转："其实，谁都知道，最好的状态是工作和放松可以结合起来，像吴彦祖那样，心里对自己应该有信心，心态放轻松，更注重自己的生活，——我觉得这些特别对，我自己也正在慢慢调整。"

"在影片拍摄期间，张震去参加一个高尔夫球场的活动，回来后他搂着我们跳，特别高兴，问其中缘由，才知道他参加抽奖，抽到了2500元人民币的现金，他开心得不得了……"讲述至此，刘烨的表情变得些许柔和而放松，"他是真的开心，大喊'我要请你们吃饭！'哈哈，这2500元钱其实对他而言真不算什么，但是他却从这样的小事中感受到极大的乐趣。这让我很是受到启发和触动，我之前一直是工作、工作、工作，即便偶尔不工作，也不知道如何去寻找到令自己放松的方式……所以最近我也刚去过一趟泰国的普济岛，算是度假吧，游泳、潜水、晒太阳、健身……慢慢学会享受生活。"

"还有一点最大的感触……"我以为此话题到此结束，不想刘烨又突然冒出一句话，于是我也便顺水推舟且听下文。"他们俩都太帅了!"他想大笑,但是担心会影响化妆师的工作,所以只有咧开嘴角,一副极开心的样子。"也有很多人称赞刘烨很帅啊!""萝卜青菜,各有所爱吧!"他嘿嘿地笑,"可能有人觉得我这棵萝卜还行,呵呵,每次看监视器,看到张震那种复古的气质,吴彦祖眉宇间流露出来的力量,让我老觉得不踏实,我想不能只跟他们斗外形,我得想点别的办法,让自己不至于被他们散发的光芒淹没掉……"他终于还是忍不住大笑出来,化妆师忍不住轻微皱了一下眉头。

寻找新的爱情当然需要勇气,更需要一种力量

"寻找新的爱情当然需要勇气,更需要一种力量,我觉得我现在得到了这种力量……"

结束了一组大片的拍摄,摄影师在重新布置灯光,刘烨也得以坐下来继续与我的对话。

"她给我带来一种新的生活。"

当我问及现任法国女友对他的意义时,刘烨先是些许沉默,既而如是回答我的问题。很显然,由于众所周知的原因,感情的问题是每一个人都不愿过多谈及的。而他的某些拘谨让我再度感觉不安。他闪躲我探寻的眼睛,眼光飘移在紫红色的长条桌布和一只质地精良的白色水杯上,似乎它们更值得关注。

"挺新挺新的一种生活。"他如是强调,显然没有准备好应付我的问题,以及如何拿捏回答问题的分寸。

他轻微吁了一口气,似乎下了很大的决心。"去年有一段时间我的情绪特别低落,她的出现帮我找回了一些东西。"我不再发问,只注视着他睫毛浓密的眼睛,静静倾听。"一些信心,一些快乐……"桌上有一包烟,他伸过手去,抽出一根,送到嘴边,用打火机点上,猛吸一口,以让自己的情绪更稳定一些。"她不是很懂得中国的娱乐和文化,跟她在一起我觉得轻松,她不会觉得我是一个明星,像普通人一样，挺好的……"一支烟在手，刘烨讲话的语速明显流畅了许多，"她是家庭型的那种女孩，我觉得挺好的……"他似乎无法用更多的词语来形容，"挺好"则成了最质朴而发自内心的认可。

我试图让气氛更活跃一些，笑着向他求证有媒体报料说刘烨已经将结婚生子列入日程是否属实，他难得地展颜一笑："也不是特别着急，别人问就说，因为肯定会有结婚的事，至于具体时间，还是顺其自然……因为认识的时间其实并不是特别长，不到一年。"

"她性格很好，愿意分担你的痛苦和快乐，一切都愿意去分享，而且是真诚的；她愿意接受你的一切东西，愿意照顾你，愿意什么事情都陪在你身边，愿意做你最好的听众，人都有诉说的欲望，会释放很多情绪出来，我现在有任何问题马上会说出来，不像之前一直憋在心里……"

他一连用六个"愿意"来表达自己内心的认可和喜悦，话语淡然质朴，不加任何藻饰。

"重新开始一段感情需要很大的勇气吧？"我试探着问。"这个就不便多说了，再过三五年，回忆这段感情，也许真的会讲一些东西与大家分享，对别人还是要保护的，不管是以前，还是现在，都要保护……"他因委婉拒绝了我的问题而略带歉意，但是语气却有着不容分说的坚定。

"当然需要勇气，更需要一种力量，我觉得我现在得到了这种力量……"

美好的爱情，令人恍若置身天堂。那道通往天堂的路口，向着刘烨，缓缓打开。

刘亦菲
堕入凡间的精灵 / "轻熟女"的蜕变

"我真没有如大家想象的那般幸运,也经历着成功、失败和被选择。受到中伤,我很委屈,但仍会选择接受。因为每个人都有自己的生存方式,试图阻拦别人编造流言,徒劳无益。"

刘亦菲、梁洛施、景甜、张含韵……娱乐圈的女星年龄越来越进入80年代。她们的面孔无一例外地清纯美丽,身形亦都是一样的袅娜。然而,从出道到现在,似乎没有谁如刘亦菲那般经历着更多的非议。

曾经不安,曾经惶惑,然而,成长终究是无可阻挡的。"我明白,在娱乐圈里生存必须有付出,这些也许就是成功的代价。"爱丽丝般的漂亮女生,终于让世人渐渐知晓,她所拥有的,不只是花瓶般的外貌,更有一颗愈加坚定的心灵。

是不是大银幕并不重要，是不是好莱坞更不重要

刘亦菲敏捷地从出租车上跳下来，头发卷曲蓬松，脸上挂着浅浅笑意。身后跟着身材瘦削的女助理和一位朋友。

她没有戴墨镜（那似乎是大牌明星惯有的标志），只兀自行走在冬日北京温暖的日光之下。触目所及，脸上充满了惊喜和讶异。

肤色白皙，鼻翼两侧沁出细微的汗珠。面部洁净细腻，甚至不曾有化过妆的痕迹。只有颈间的镶钻石银链，熠熠生辉。

那一刻，她不再是万千宠爱集于一身的大牌明星，只是一个寻常过路的女孩子。

"对于一个真正有能力、懂得如何把握住机遇的人来说，幸运才会是一种实实在在的东西，在我看来，剧本才是最关键的。是不是大银幕并不重要，是不是好莱坞更不重要。"

幸运女神总是眷顾一些人，给了她们绝世的容貌，还要再给她们一些更美好的运气和机遇。比如刘亦菲。

《金粉世家》里那张惊艳出场的面孔，张扬难掩的青春气息，流淌在眉宇间。仿佛"未成曲调先有情"。《天龙八部》里的神仙姐姐和《神雕侠侣》中遗世而独立的小龙女，让我们不由以为她即是清冷孤傲、不食人间烟火的仙女化身。而在青春文艺片《五月之恋》和《恋爱大赢家》里，她的扮相则时尚靓丽，令人过目难忘。

幸运儿？她淡然一笑："幸运这个东西，怎么说呢，对于一个真正有能力，懂得如何把握住机遇的人来说，幸运才会是一种实实在在的东西，所以我认为最重要的还是先把自己培养成一个有实力的人，这样你才能够把握住每个机遇，成为一个真正得益于幸运的人。"

正是这份难得的自知和清醒，令刘亦菲的演艺之路愈加顺畅。在最新电影《功夫之王》中，与她搭档的是成龙、李连杰和李冰冰。而刘亦菲自言这是令自己更上一个台阶的机会，"我非常热爱这个角色，有了这种原动力，我在表演上应该有一个大的跨越吧！"

美丽的女星，若演技不够出众，便难免有花瓶之嫌。刘亦菲也不例外，亦曾多次被人暗指借外形上位，而她饰演的角色，更被冠之以"花瓶角色。"

《功夫之王》讲的是一个复仇的故事，她饰演的金燕子，父母被仇人杀死而成为孤儿，她活着的唯一目的便是找到仇人并亲手将他杀死。"这是一个很边缘而悲剧的人物，"刘亦菲说，"但在另一方面，她又会遇到一些意外，这些意外使她的生活又具有了某些幸福感……"当然，最令刘亦菲满意的是，"这个角色将不再是花瓶的角色"。谈及此，她明亮的眼睛闪烁着骄傲的光泽。

委实，她以往的形象，总是娇俏柔弱，弱不禁风。而此番的刘亦菲，却是一扫往昔柔弱，刚强起来，深色皮肤，充满仇恨的眼神，鬓间散落碎发，一柄始终不离手的宝剑。于她，的确是一种颠覆。

"我相信我是最贴近那个角色的，"在试戏时，刘亦菲的表演打动了在场的每一个人，"他们的眼角都有泪光，我自己也觉得非常感动，那种莫名的感动是因为你所演的东西真正能打动人。"

"刘亦菲长得漂亮，个子也够高，英语说得好，最重要的优势是年轻。她演戏也很认真，容易入戏，是个非常专业的演员。"成龙对于刘亦菲，显然是赞不绝口，他甚至断言："我敢肯定，刘亦菲肯定会是继巩俐和章子怡之后，又一位能在好莱坞走红的女明星。"

面对大哥的盛赞，刘亦菲显然早已宠辱不惊。

"是闯荡好莱坞，还是回头再拍我的电视剧，虽然前者是大家觉得最好的选择，但在我看来，剧本才是最关键的。是不是大银幕并不重要，是不是好莱坞更不重要。"

回头看走过的路，刘亦菲自己一阵唏嘘。15岁出道，迄今6年，作品虽不算密集，却也部部皆是收视灵药。"拍《金粉世家》时我才14岁半啊，那么复杂的角色，一个14岁半的小女孩哪里演得出来？现在想来，当时不过就是把台词念出来就算完成了任务。"她呵呵直笑，依旧是心无城府的模样。

我做好我自己就好了

"20岁,已经不再是懵懂无知的小女孩,我发现自己对许多事物的看法和态度愈加坚定。娱乐界就是这样,每时每刻都需要新鲜的话题刺激。我做好我自己就好了,其他的顺其自然。"

为什么会是她?

有时刘亦菲自己也不很明白。她说自己其实也不太明白,人生的路就像被冥冥之中的一只手推着往前行进。

但是,既然造物主给了她一张俏脸和运气,那就何妨顺理成章地走下去。

如果不是为了《功夫之王》,此时的刘亦菲也许应该坐在美国耶鲁大学表演系的教室里,与来自世界各地的精英同学谈笑自若地度过一段悠闲安定的时光。

"我为读书准备了两个月,顺利通过了二试,这时接到剧组确定我出演的消息。"她摆弄着指间的戒指,阳光下,镶嵌的细碎钻石熠熠生辉。"到底是读书还是回来拍电影,我犹豫了很久。但是辅导老师告诉我:考试可以再考,演戏的机会却不一定会再有。"

于是,她果断下定决心。一纸机票,拖着粉红色的行李箱,她把自己打发到了北京。

"其实我的耶鲁教授也很惋惜,不过他说,表演不是靠学历来证明的。"

20岁的刘亦菲,拨开了层层迷雾,清醒地知道自己要什么。

就如同她的20岁生日。在《功夫之王》剧组,她迎来了自己的20岁生日。当剧组送上精心准备的三个super cake时,她的眼角顿时润湿。

"当年我15岁的生日亦是在剧组度过,同样是戏杀青的那一天。只不过没有鲜花、掌声和蛋糕。这几年,我看到了自己的进步与成长。20岁,已经不再是懵懂无知的小女孩,我发现自己对许多事物的看法和态度愈加坚定。艺术之路虽然漫长，但我知道如何走好自己的每一步。"

围绕她的那些传言：年龄、身世、"星妈"、继父、空穴来风的绯闻……她成长中的一切，都曾是人们津津乐道的话题。对于传言和绯闻，刘亦菲已经有过深刻的体会和认识：娱乐圈自有它的规则，在享受着光环下的种种荣耀时，也难免会被这种规则束缚。

就如她喜爱的王菲曾经唱的："我像是一颗棋子，来去全不由自己……"

但是，刘亦菲仍努力做回自己。"演艺圈经常会有一些不太好的传闻，我自己亦是深有体验。但是我觉得每个人都有自己的是非观念，有时候有些传闻我最初听到后会觉得难过：嗯？怎么变成这样子了？但是时间长了，自己也想开了，娱乐界就是这样，每时每刻都需要新鲜的话题刺激。我做好我自己就好了，其他的顺其自然。"

她开始摆弄着肩上卷曲的发卷："我面对困难是能够淡然镇定，像个成熟的大人，这可能与娱乐圈的磨砺分不开。"她歪了歪脑袋，又摆出一副精灵古怪的模样："但有时候我也很孩子气啊！我很难失去童真的心。剧组里的人都称我为'十万个为什么'，呵呵，因为我对什么都好奇而且不怕发问。"

她的声音温柔，纤细而动听："我对一切未知事物都怀有好奇心。"

好奇心令她迷上音乐，在音乐里她发现了另外一个自己。也仿佛是爱丽丝，到处都是奇遇。去日本接受专业音乐训练，而学习日语一度令她尤为痛苦。但这是她的必经之路。于是，她粉红色的hello kitty笔记本上，密密麻麻挤满了日文单词。"一种语言，就是一个世界。"

"我曾经的梦想是做妈妈那样的舞蹈家，或者是服装设计师，甚至想当主持人，但从没想过会成为一名演员……"她轻微喟叹，"好在，做一名演员对我来说，也没什么不好。"

《风尚志》：跟你谈话，觉得你的性格还是蛮成熟的，与年龄不相称?

刘：有时这个圈子会催人成熟。但也许跟我之前的生活经历有关系，在美国的生活让我看到了年轻人其实也是可以完全独立的，不会有太多的依赖性。

《风尚志》：觉得自己是熟女吗？

刘：在某些方面。我还是很生涩，可不可以算是"轻熟女"？呵呵。

《风尚志》：不去耶鲁会遗憾吗？

刘：遗憾会有，但不后悔。毕竟我还年轻，如果有机会学习的话，我愿意一直学下去，还是很有意思的，而且，学校的环境也会相对单纯。

"我喜欢表演，它非常适合我。我现在是和表演恋爱，我会让自己内心更强大，当你的心灵美好时，你的外表一定是美好的。"

诸多荣耀加身，她内心深处依旧是单纯的小女孩。仿佛落入凡间的精灵，不谙尘世的世情险恶，而沉湎于自己的世界。

喜欢读侦探小说，爱看电影，因为于她，那完全是另一个世界。匪夷所思地钟爱吸血鬼的片子。不喜欢《奥林匹斯星传3》，因为嫌其过于"花哨"。最好奇的仍是卡通世界，总希望自己会像爱丽丝那样漫游奇境，去见识一下天马行空的世界。

"你不觉得那个世界太不一样了吗？宫崎骏《龙猫》里的小动物怎么都那么可爱啊？"她的话有时真让人目瞪口呆。仿佛《仙剑奇侠传》里的赵灵儿，在仙灵岛过着神仙一样的生活。天真如白纸，潜力却深不可测。柔弱如婴孩，勇气却绝不可小觑。无知如傻痴，心境却澄明如镜。

喜欢收集玩具和布偶。最爱的是芭比娃娃。其中的一套限量发售的芭比：线条纤弱，晚装艳丽，腕上轻挽手提袋，神态逼真。而水晶则是她的另一收藏爱好。家里的柜子，珍藏着一件件珍贵的水晶制品。而无论是拍戏还是旅游，她最爱逛的还是水晶店。

热爱旅行。去日本的迪士尼乐园，喜欢六本木的表参道，因为那里的安静。吃料理，最爱日式拉面。在箱根泡温泉，看着远处皑皑白雪覆盖的山顶。最想去的地方，还是大阪。"在日本的公司录音时，有个职员是大阪人，叫上田健。一听他说话我便觉得高兴，大阪人说话很像中国北方人,有股豪爽气。"

而在美国的五年,给了她更多美好的回忆。过第一个万圣节,她和小朋友们挨家挨户敲门要糖。她的知心朋友也多是那个时候交下,其中一个俄罗斯女孩,梳着长长的麻花辫,是刘亦菲心目中永远的公主。

她喜欢欧洲,更向往18世纪的欧洲。华丽的城堡、漂亮的宫廷礼服、为爱剑挑情敌的王子……一切都充满罗曼蒂克的浮华色彩。

她不讳言自己心目中的完美男性形象是布拉德·皮特,"他很帅,也是有实力的演员。我很小的时候看过他演的《夜访吸血鬼》(这似乎可以解释刘亦菲为什么热衷于看吸血鬼片了),那种另类、近乎变态的角色非常生动。"而在女演员中,毫无疑问,她选择了奥黛丽·赫本。"我希望自己可以具有赫本的知性优雅和爱心,这是我努力的方向。"在一次采访中,她如是说。

她总是温婉,即便在叛逆期,她也同样少有叛逆行为。"从小到大,我都顺从家人的想法。工作也是如此,接受公司的安排。我是一个凡事都顺其自然的人,有些事情发生的时候心里会不舒服,但几个小时后我就会想开,没什么大不了的。"她启齿微笑,露出洁白的牙齿,"也许温和的性格注定我没有叛逆期吧!"

没有叛逆不等于没有想法。"我喜欢表演,它非常适合我。我现在是和表演恋爱,我会让自己内心更强大,"她认真强调,"做演员也终究是我的梦想。"

她的人生注定是一场传奇。而序幕,刚刚拉开。

柳云龙
自闭的人最容易成功

生活是一场旅行,其间痛苦与快乐如影相随。
就如采访最后柳云龙的那句话:"每个人的生活,其实都是痛并快乐着。"
真实的柳云龙究竟什么样?
率直、真性情、果敢,也很自然坦荡。
远离上一部《暗算》一年多之后,我们再次与他相逢。

沿青色的铁质楼梯拾步而上，穿过狭窄的走廊，再越过虚掩着的几扇门，便到了柳云龙工作的地方。他的助手示意我在沙发上坐下来，抱歉地告诉我尚须多等待一会儿，道是柳导依旧在工作中。

颇有几分百无聊赖，我索性站起来打算看看柳云龙在忙什么，径直踱步到他的办公室门口。他听到了响声，转过头来，那是一张因劳累而略显憔悴的脸。

他拿来一副茶色墨镜戴上，将自己肿胀的眼睛藏在后面，然后燃起一根日本产的MILD SEVEN香烟。我们的谈话也便在这袅袅的烟雾里行进。

松垮的藏青色牛仔裤，浅灰色长袖T恤衫，印象最深刻的还是那张脸，劳累、困顿、胡子拉碴，似乎已有几天不曾刮过。

这不是令他声名鹊起的《暗算》里的形象，也不是他偶尔出现在时尚杂志封面上的形象，但是，很真实。

"角色之外的我与角色无关。"

"我不太会说，我从事的这个职业毕竟不是一个回答问题的职业。"问及他很少接受媒体采访的神秘低调，他如是作答。

"而有关艺术创作的问题，又不是语言所能表达出来的。"他注视着我的眼睛，"如果能用语言表达出来，那么大家就不会有那么多感受的东西。而且即使能用语言表达，也不一定准确。"他弹了弹手上的烟灰，"所以倒不如我就闷头做我的事，做完展现给大家就好了。片子出来，解读留给大家。我不会把我的理念强加给别人。每个人会因自己的喜好和审美而对片子作出不同的评判。"

"前年和去年，因为《暗算》这部戏，也是硬着头皮做了很多宣传。但对我而言，每次采访都是……"他在小心翼翼地选择措辞。

"一种折磨？"我问。

"那倒也不是，但是真的是很困难的。"

"担心自己被误读吗？比如可能会因此说你耍大牌之类？"我趁势追击下去。他微微笑："但我本人并不想时时刻刻处在曝光的前沿，我还是希望工作过后的生活是属于自己的。"

"时代走到今天，变化在哪里？"他问。旋即自己作答，"那就是大家可以畅所欲言，可以按照自己的审美和自己的价值观安排生活。也许，白天你是在满足社会的需求，而晚上或者工作之余，你可以有自己的生活。"

他兀自说下去："所以我也不会要求所有的观众跟我的思想保持一致，那是不可能的。仁者见仁，智者见智。"

我提出我的疑问："曾经采访过一些艺人，他们之前也曾经比较排斥宣传，而现在已经在慢慢改变，甚至对宣传访问趋之若鹜……演员的工作性质毕竟跟朝九晚五的上班族有所不同。"

"这还是我刚才强调的，跟我的性格有关，我一直以来都是如此。我不会因为一部片子引起轰动就会冲到最前沿。我个人的认知，职业就只是一份职业。拍戏的时候，我热爱我的职业，而接受访问却不是我的工作范围。"

"接受访问……"他稍作思忖，"说白了就是别人想要了解你，或者别人想告诉你通过这部片子他领悟到了什么——都没有必要。到现在为止，很多人要对我了解这，了解那……很多采访其实是在硬着头皮做，一次采访又有多少是你真正想说的话呢？"他稍作停顿，"你真想说的话你能说吗？不可能。我不相信所有被采访者都是真心的。"

"那么你是否相信所有的采访者都是真诚的？"

"那是一定的，所有的采访者一定都是真诚的，而被采访者也一定有掩饰与美化的成分在其中。"

他又笑出来："我的职业就是去塑造人物，大家认可我的角色就好了，角色之外的柳云龙其实与角色无关，千万不要把柳云龙和角色等同而言。如果大家因为角色而对我产生兴趣，那么我会说：柳云龙这个人没什么可了解的。"

"所以，有些话倒不如不说，做自己的事情就好了。"他坦承自己是个很随性的人，打网球，飞到上海去看大师杯，看历史书，平时也爱看碟，《角斗士》《海上钢琴师》是他热衷的艺术片。

"我比常人更加脆弱，更加敏感。"

当年，柳云龙以专业几乎满分的成绩进入北京电影学院，毕业后却迅速在演艺界消失。辗转经商，生意做得有声有色。而这段经历，他却鲜少，似乎也不愿提及。

然后是慢慢向演艺圈渗透，偶尔客串些角色，颇有些投石问路的性质。据说，每次进剧组前，他都会开玩笑地强调说："我可是来友情演出的。"那时，他的主业还是商人。

这些经历，似乎又为他蒙上了一层神秘色彩。

而现在，他说，演戏是自己梦想与现实的结合体。"你的工作首先要建立在梦想的基础之上，有了梦想，在面对实际的工作的时候，要把自己的梦想在工作中充分体现出来。"

"工作做好的前提是有理想，就是你要抱着一种理想去工作。"成熟男人的心里总有一种理想的情怀。对于柳云龙而言，细致到追寻某个年代的一件衣服的旧质感，或者庞大到情节上的感人至深之处。"如果你仅仅把它当成一份工作，你会丢掉一些东西；如果你带着理想去做一件事情，你就不会如此。"他总结自己，"而我恰恰是一个非常理想化的人。"

理想化的人在现实中会非常痛苦。

"这种理想化不只体现在你的工作中，甚至体现在你与别人的交往中。比如交友，你带着一种理想化的色彩跟一个人交朋友，你就会很痛苦！"此时的柳云龙，已经开始推心置腹。

"那怎么可能每个人因你所想而变成你想的那个样子？"

"朋友之道，在于交心。大家不要抱着功利的心态去交往，而是一种精神的交流和情感的交换。你可以为朋友两肋插刀，但是结果你发现，当你出现事情的时候，他只为你插了一把刀，你就会觉得：呀！他怎么会这样！"

我开玩笑："他甚至会把刀插在你的身上。"我们不禁同时哈哈大笑。

"的确，除了卢梭的《忏悔录》之外，我再没见过一本能够淋漓尽致袒露心灵的自传书了。"他轻微喟叹，"包括历史，又有几分是真相呢？如果你打算去探求一个人的内心就会发现，人们大多在粉饰自己。人们讲究外在包装，讲究到了不合情理的地步。"

"自闭的人往往是最容易成功的。"

粗犷的外表下，柳云龙其实内心敏感而细腻。"我们这种人，往往会有两个极端。我们很脆弱。"他强调："一捅即破，一砸即碎。但在这个过程中，我们不断变得坚强。"

他伸出双手——那样一双细长而又有力的手甚至被陈逸飞欣赏不已，请他去电影《理发师》担任角色。"我们会不断变得坚强，但是我们变得越坚强的时候，这里越脆弱。"他指着胸前心脏的位置。"越坚强，越脆弱；越脆弱，越坚强。到最后我们会变成什么呢？"他略略停顿，"自闭。"

"你会自闭吗？"我好奇地问。

"会。"他的回答干脆利索，毋庸置疑。

"交朋友对我们来说变成了一件非常奢侈的事情，这个奢侈，不是说我要付出时间去陪朋友，而是精神上的奢侈。所以你看我现在……西方的科学家讲，自闭的人往往是最容易成功的。"

"对！"他赞同地说。"所以不要把自闭看成是可怕的事情，凡事有一利，便有一弊。反过来也是一样。就像中国的《易经》，阴阳平衡，实际上人与人的关系就是一个平衡的关系。一旦这个关系失衡，就会出现问题。"

"所以，我可以说我很坚强。真的是这样，常人所忍受不了的我都能承受。但同时我又比常人更加脆弱，更加敏感。演戏之外，我更愿意把自己的生活安排得丰富一些。不想时时刻刻都在表演，或者时时刻刻都处在表演的前沿，那对于我来讲将会很累很累。"

生活中的柳云龙，我们知道的只有这些。不过，已经足矣。

吕思清
对音乐与生活都要投入热情

　　距离他夺得第34届意大利帕格尼尼小提琴大赛金奖已经过去了二十几年，吕思清也早已是国内乃至国际音乐界的殿堂级人物。活跃于世界各地的巡演，依旧是吕思清生活的重心。每年正式的演出林林总总怎么也少不了七八十场，这还不包括零散的表演在内。旺季的时候，候机室、飞机的头等舱、出租车、酒店、音乐大厅……便往往成为他生活中最重要的场所。

　　但是，对现在的吕思清来讲，音乐于他，不只是工作，更是一种生活方式，也是生活的一部分。人生不止一面，音乐与生活他已经可以平衡自如。

"我是古典音乐的信仰者,也是传承者与传播者。"

接受访问后的一个小时,吕思清就要出现在某媒体主办的年终庆典上,携那把意大利瓜奈里名琴,与青年钢琴家赵胤胤联袂登台献艺。当他被问及频频出现在电视节目上,参加不同的时尚派对和晚宴,是否会影响他的音乐家的身份时,吕思清笑言:"时尚与古典并不矛盾,古典音乐是传播时尚的桥梁,时尚也会对古典音乐的发展起到推波助澜的作用。"在他看来,音乐的重要意义在于,它可以改变人们对于生活的态度,对于艺术生活的追求,引领人们过更加时尚的生活。

对于吕思清而言,保持对音乐的敏感度和热爱,从来不是刻意而为的事情。在微博上他透露最近这几天一直忙于北京台和中央台的几个春节节目的录制和排练,与此同时又开始重新练习门德尔松和《梁祝》小提琴协奏曲——我注意到,他用的是"练习"而非"温习"或者"熟悉"这样的词汇,恐怕没有一个词比前者更能体现出吕思清对音乐的虔诚与战战兢兢。

"有些曲目我都拉了几十遍甚至几百遍了,但是对于我来说,每一次演奏都必须有新意,拉出彩,拉出灵感的火花,"他如是说,"这也是作为一位艺术家艺术生命能够长久的关键。"

对于任何想要成功的人来说,哪怕你只是想要取得一点点成功,也要在自己的天分之外,去作更多的努力。这正如吕思清所谈到的:"艺术的灵感来源于你对生活的不断理解,来源于你对自己所从事的艺术的不断感悟,所以,对艺术家而言,永远没有完美,只有让自己不断变得更好。"

年纪轻轻即获得英国皇家交响乐爱乐者协会银盾奖,就读美国著名的朱丽叶音乐学院,也曾荣膺"杰出亚裔艺术成就奖",所演奏的《梁祝》迄今无人可以比拟超越……他的艺术之路看上去是如此顺畅。"其实我还是经历了一些困难,尽管这些困难在别人看来是微不足道的。每个人始终要面对并战胜自己，只有不断战胜自我的人，才会走得更远。"

吕思清曾谈到，尚在茱莉亚音乐学院学习时，小提琴教育家德罗希·迪蕾女士曾告诉他，一个人在成为音乐家后必须经历的事，那就是职业演奏家要耐得住寂寞。

于是，你会很容易理解他为什么会把自己在音乐上的成功归结为如下几个词语：热忱、执着、focus（专注），甚至近乎严苛的自律。这听起来是否有几分像在艺术道路上漫长跋涉的苦行僧？似乎看出我的疑惑，吕思清补充说："你要热爱它，我是很快乐地享受这一切的。"

这就如别人似乎很难相信，音乐成就卓越于他，依旧保持着每天练琴的习惯。是习惯使然，更是一种自我的节制与要求。音乐于他，几成某种信仰。

好的东西需要融合在一起

"家人、朋友、旅行、美食、美酒、音乐，好的东西需要融合在一起，既放松，又会获得一些人生的感受感悟。"

音乐家的身份之外，他是丈夫，是两个孩子的父亲。

每年两次，要有固定的时间同家人一道外出旅行，这已经成为吕思清生活中雷打不动的既定惯例。一有空儿，他便会飞回自己在美国的家：从前是在纽约的水牛城，几年前则搬到了艺术氛围更浓郁的旧金山。

音乐家也有常人的七情六欲，对他们来说，最不堪忍受的就是同家人的长期分离。职业的特性，注定了要一个人孤独地满世界飞来飞去。——所以，你可以理解吕思清每次回家时的喜悦感。就如前几日，刚下了飞机坐在出租车里时，他依旧用iPhone写了一条短短的微博向家人报告最新行踪："在车里了。Alex，爸爸回来了。"全然掩饰不住内心的狂喜。

小孩子出生之前，他会跟去看电影或者寻访各地的美食，有了孩子后，则会更多地陪伴孩子。像所有的爸爸一样，陪他们去动物园、科技馆。"对于孩子的成长来说，书本的知识固然重要，但书本外的知识更重要。"

如果赶上孩子放假，他会发动自己身边的好朋友一道外出旅行。每个家庭开一部车子，带着家人，——有时还要带上家里的宠物，一行十数人，浩浩荡荡，热闹无比。最近的旅行计划是再去欧洲。"法国的波尔多地区和勃艮第，是一定要去的，"——男人们对那里的红酒总是垂涎三尺。至于巴黎，也是在行程之内，因为"总要给热衷于逛街和买名牌的女人们一个放松。"

顺道会去意大利和西班牙。"意大利对我来说非常有纪念意义，可以说是我的福地，因为我的帕格尼尼小提琴大赛金奖就是在那里取得的。"当然，意大利和西班牙的美食也是吕思清的最爱。行程的安排里，自然包括了要去品尝当地的美食，西班牙伊比利亚区的火腿和甜酒，意大利的鹅肝小牛肉和冷熏肉盘。节目单里还包括了参观博物馆，看望当地的老朋友……"家人、朋友、旅行、美食、美酒、音乐，好的东西需要融合在一起，既放松，又会获得一些人生的感受感悟。"

这些美妙的人生感悟，就如同他曾对微软资深副总裁张亚勤说的那样："就算是喝再好的酒，譬如是Romanee Conti 89或者是Petrus89，也总是三分酒七分情。"

吕思清欣赏傅雷说的一句话："先做一个好人，再做一个好的艺术家，其次是一个好的钢琴家。""这个顺序是对的，"吕思清说，"一个人如果没有对情感有过深刻的理解和体悟，在成功的道路上也不会走太远。专注、投入、热情，这样的词汇不只是用在你的专业领域，你对生活的态度也应该是这样。对家人，对朋友，都要如此热爱，如此专注。"

张 亮
生活不是一场秀

因为路况不熟，张亮略略晚到了几分钟。一落座，便赶忙握手，没有丝毫大牌的架势。刚从健身房出来的他，着一件浅灰色连帽衫、赫然醒目的鲜艳红色运动NIKE长裤，拿一只BLACK BERRY的黑色手机。生活中的张亮，即便是几分随意的装扮，也难掩盖超模的风范。

作为中国男模界的新锐力量，张亮以独特的气质令人瞩目，与林志玲签约同一家公司，更跻身内地四大首席男模之列，甚至有媒体盛赞他为"中国版的李俊基"。顶着诸多光环的张亮，却从未在光怪陆离的浮华圈子中迷失过，他的内心一直活得清醒，始终明白自己要什么。他的生活也因此多了一份与年龄不相称的淡定与从容。

不会让奢侈品牌束缚自己

何谓真正的时尚？肤浅？浮华？张亮不以为然。在他看来，时尚更是关乎精神层面的。时尚更意味着一种生活态度，每个人都有追求时尚的权利。"即便与米兰、巴黎或者纽约相比，北京或者上海的时尚国际化水准亦是相当高，尤其是在一些高端的派对或者聚会上。""当我置身巴黎时，才真正相信了那句话：世上没有不漂亮的女人，只有不会打扮自己的女人。"在巴黎的街头或者陈旧的地铁上，他看到许多巴黎女子相当惊艳，她们的身材或者面孔并非最佳，有的甚至年龄已经垂垂老矣，但看上去却都是令人赏心悦目。"她们通过服装搭配或者妆容来美化自己，就像一道城市的风景线。"

谈到国外的设计师品牌，张亮说自己对GIVENCHY、GUCCI颇有好感，另外亦钟爱ALEX MARCQUEEN的另类风格设计，设计师本人堪称设计怪才，常有层出不穷的灵感迸发。他自己则大爱ALEX MARCQUEEN的配饰，索性照单全收。最适合他身材的当然非GUCCI莫属，无怪现在张亮早已经是GUCCI的御用MODEL之一，几乎每年GUCCI在国内的秀场，张亮都有参加。"GUCCI的剪裁和板型，几乎像是给我量身定做一般。"

在他看来，购买昂贵的品牌服装，自有一番道理。"品牌的附加值是无可代替的。"他否认自己是奢侈品的忠实拥趸，亦会去国内外淘一些非大牌的服装来打扮自己。他笑着强调，"我对品牌本身不会那么热衷，我更关注的是某一季的新设计，以及裁剪与面料的感觉。"

他对国内新晋的设计师大为赞赏，如我们都非常熟悉的XANDER ZHOU（周翔宇），"中国本土的设计师进步非常快，其中许多可与国外的设计师相比，他们给了我许多惊喜。"

他对这些设计师亦是关注，遇到自己心仪的服装，他甚至会免费出场，只做友情支持。

追寻生活中的踏实与平和

访问中他透露，最近正在准备签约国外经纪公司的事情。他自言，尽管上半年刚参加了巴黎与纽约的两大时装周，但只是受一位日本时装设计师的邀请，尚不算是正式参加。"我希望在自己有限的模特儿生涯里，证明给自己看，看自己到底可以走多远。"能正式站在全球顶尖的时尚秀场上展示自己，成为张亮现在最大的梦想和期待。在他看来，现在是中国模特儿最好的机会，西风东渐，欧美市场和奢侈品牌越来越重视中国市场，对亚洲模特儿的接受程度亦是越来越大。

——现在，他无疑已经迈出了走向国际化的重要一步：已经分别顺利签约巴黎和纽约的三家国外经纪公司，对此，他亦是同样大呼过瘾。

张亮说自己从来信奉"我不太相信人的命，更信奉自己的努力"这一人生信条，但亦同样感觉前三年一直在努力冲向国外市场，均抱憾而归，"估计是运气太差了。"他开了个玩笑。

如何才能成为顶尖的MODEL？张亮给出自己的答案：外貌六七分，努力占两分，自身对时尚的理解占到两分。他强调，一个人的出名，同样需要天时、地利与人和。"你合作的摄影师、时装编辑、助理、经纪人、化妆师、设计师，甚至演出前的穿衣工，每一个环节上的人都很重要。"他更强调做人的口碑要好，"你个人所作的百分百的努力，有时都不及圈子里合作过的人对你的某句夸赞的话。"

对于模特儿来说，保持身材当然是最重要的，需要在许多生活的习惯上节制自己。他保持着每天进健身房的习惯，跑步20分钟，然后挥汗如雨地做适量力量训练。"现在对男模的要求与之前不同，要更修身一些，男孩要纤瘦，不需要练出肌肉块，但要保持身材的线条感。"健身已经成为他生命的一部分。良好的健身习惯令他始终保持极佳的状态。

在饮食方面，张亮以清淡饮食为主，晚饭以蔬菜为主，绝对不碰巧克力和油腻食物。事实上，他自己是一个地道的美食爱好者，尤其热衷煲各种汤类，对粤菜情有独钟，最近则在研究西餐的做法，各种蛋糕与甜品，都有兴趣尝试。他甚至打算开一家餐厅，主打各种汤，"用汤温暖人的心。"

他对于二手的奢侈品牌同样热衷，曾在巴黎的一家二手奢饰品店买过一件皮质风衣和一条腰带。军装范儿的皮衣，英气逼人，买下来却只要人民币300多块。至于那条腰带居然是纯手工制作，腰带的扣则是纯银打造，上面尚有手工绘制的花纹图案，仅仅花了17欧元，相当超值。

生活中他追寻的是那种踏实和平和。

他笑自己是80后的人，却有一颗70后的心，连K歌时都主打张学友和萧敬腾。毕竟，"生活终究不是秀场，要慢慢过"。

苏有朋
享受独角戏

年仅16岁，便拥有如日中天的璀璨声名。时至今日，对许多人而言，苏有朋不止如寻常艺人那般简单。

他的名字，连同早已解散、各自单飞的"小虎队"，俨然成为一代人青春的记忆和符号。

《蝴蝶飞呀》《爱》《青苹果乐园》……那些节奏明快、动感十足的音乐，亦早已是挥之不去的旋律。永远的温顺、乖巧、和善、笑容可掬……这是公众眼里苏有朋的一贯形象。《情定爱琴海》里的陆恩祈、《还珠格格》里的五阿哥，又令他陡然增添几许悲情色彩。然而——

"此前的我，并非真正的我，其实我内心很叛逆。"出道十余载。现在，他要做真正的自己。做自己，当然需要足够的勇气与之抗衡。但无论任何时候，都值得嘉许与称赞。

在舞台上演出对我来说是一种工作

他固然否认自己是天生的艺人，举手投足间，依旧是掩饰不住的明星风范。

黑色连帽衫，看不出牌子，却有着良好的质地。微微泛白的低腰蓝色牛仔裤，裤脚有缕缕毛边，但显然不是穿了多久，紧紧裹住他肌肉紧绷的双腿，熨帖舒服。通体金色的D&G休闲鞋，是他身上唯一炫目的明亮色调，却未见得任何突兀与不妥。

秋末冬初的下午。尽管是室内，空气中依然荡漾着微薄的凉意。他孩子气地搓搓手，微笑，在我对面的藤椅上坐下。两杯暖暖的菊花茶端来，茶香徐徐飘散，细碎的花瓣在旋转的水波中上下翻腾。

"眼部的妆是不是有些浓？"他轻微小声嘟哝，有些犹豫。拍摄间，周围瞬间聚拢了无数观者。浅灰色牛仔帽，黑色风衣，他将风衣的一角猛然掀起，仿佛骑在迅即奔驰的马背上。

此刻，他是谁？逡巡，张望，凝睇，兴奋，激烈，甚至间或充满诱惑的男人。

苏有朋。

"有些人在台上台下都会来电，非常享受，在某种程度上，在舞台上演出对我来说是一种工作，不是我不enjoy，但我肯定不是那种24小时都带电的人。"

"我刚从北京飞到上海看了碧昂丝的音乐会。"苏有朋的语气中流露出一丝小小的得意。

读中学伊始，他即开始狂热于西洋音乐，那是他唯一的兴趣。"Madonna、乔治·麦克尔、杰克森、布兰尼……"他语速迅疾，如数家珍。"我其实一直喜欢这样的音乐。但是我刚出道，包括后来单飞的时候，大家尚不知道什么是西洋音乐，R&B、Hip-Hop……"

苏有朋的手机响起。他接了个电话，几句话后，便压抑不住兴奋告诉身边的助理："可以看大师杯了！"

谈话继续。"现在的市场已经可以接受这些，而之前谁会理你啊，会觉得好奇怪！"他的语气陡然变得兴奋。

距离发上一张唱片已有两三年的时间。"那张唱片因为要配合《情定爱琴海》，所以苦情一些，而新唱片则会体现出一个幸福男人的雅皮生活。"他摇头笑，"不再是那种哭哭啼啼，动辄死去活来的感觉。"

出道十余载，如何保持对音乐的热爱？问题抛过去，苏有朋的神情变得凝重。"我就是特别喜欢音乐。"他的语速亦变得缓慢，"小时候即参加合唱团，学习弹钢琴，书念得也不错，后来考入台湾大学，但那曾经不是我想要的，我更想去念艺术学校……"他话锋一转，"但是你知道十几年前大家都比较传统，你去当医生、当律师都好。过去当艺术家就是不务正业……"言毕，他呵呵直笑。

"我喜欢唱歌，拍《还珠格格》那几年，因为一直没有出唱片，哇！我真是无时无刻……你知道，化妆也唱歌，洗澡也唱歌，开车也唱歌……身边的人都被我轰炸。以前真会觉得没有音乐会死掉。"

苏有朋对音乐的热爱甚至到了痴迷的地步，起床的闹钟铃声也被他设置成自己最爱的音乐。每天早晨在音乐里醒来，对许久没有发自己唱片的他而言，似乎是一种慰藉。

而与Madonna的结缘，更是一种缘分。他转到一所新的学校，要好好念书，给大家一个好印象。在熬夜温习功课时，无意听到一档夜间电台节目，介绍美国正当红的歌星Madonna。他笑言自己那时也是穷学生，没有钱去买正版的卡带，只有把她的歌录下来，反复听。

"我觉得她很多时候一直走在道德的边缘，那个年代，大家都很保守，但她一直在挑战大家的尺度，帮助整个社会打开新的风气，你知道，每个人心里面都有些狂野的部分，但是被周围的环境或者道德去压制……"

读高中的时候，苏有朋已经是"小虎队"的乖乖虎，却正处在青春的叛逆期。"对青春期却又遭压抑的人来说,哇!他好酷!怎么能这么做!"

迷恋在舞台上演出的状态吗?他沉思,接着又回答:"一般。我觉得我有些时候会有表演的欲望,但我还是那种比较低调、希望能过普通生活的人。"委实,有时候,过普通生活对成名甚早的苏有朋来说,反而意味着是一种不可能的生活。

"有些人在台上台下都会来电,非常享受,在某种程度上,在舞台上演出对我来说是一种工作,不是我不enjoy,但我肯定不是那种24小时都带电的人。"

"边缘的东西总是会吸引我,从出道开始,我一直走在所谓的主流的路上,纯粹为艺术而工作是很吸引人的事情。对于艺术的坚持不妥协,确实迷人。"

"有些人是如果有光照在他的身上,他会突然间,哇!很爱演,整个人的表演欲望就来了。"苏有朋摇头,"我不行,我可能没有那么天生,有些东西我可能更多的是后天培养的。"

从唱歌到演戏,对他来说,无疑是一个大的跨越和挑战。

"演戏相对要更复杂一点,"他字斟句酌,细细掂量,"做个好演员,你必须接受很多生活的历练和积累个人内涵,如此方能诠释出角色的深度来。"

因《还珠格格》而声名大振,他的人气节节攀升。但是,苏有朋仍然希望自己会有所突破和改变。"我希望自己会多一些成熟的角色,不要只是那么单纯地谈恋爱,不停地哭哭啼啼,大家爱来爱去……"他兀自笑出声来,"我希望会接一些更生活化的剧本,不要那么不食人间烟火。"

"张无忌像我,他的优柔寡断,甚至他把全世界都当好人来看待都像我。"他坦言,演戏会给他的性格带来变化。"演完《情深深雨濛濛》中的杜飞,我有意识去在生活中开发自己比较搞笑的部分。"

话剧也一度曾是苏有朋的梦想。"话剧一直很小众,占据不了主流的位置,这也正是它的迷人之处。这群(话剧)人的生活方式,对于艺术的坚持不妥协，确实迷人……"

"边缘的东西总是会吸引我，比如刚才和你聊过的麦当娜。从出道开始，我一直走在所谓的主流的路上，纯粹为艺术而工作是很吸引人的事情……"

"我已经成为这样子，完全为了艺术而艺术就不太可能了。"他哈哈大笑，"只在内心里保存一份小小的愿望好了。我还是要出自己的唱片，要拍电影，走属于我自己的路……"

走自己的路。偶像之路？也许只有苏有朋自己知道，偶像之路并非如常人眼中那般易行。

"现在的市场开放太多，坏小孩，或者坏女孩，都可以被接受，但在那个年代是不可能的。身为偶像，你的确要品学兼优，起到示范作用。"

他回忆起曾经有一次因为做通告太晚而不得不在路边等待计程车，路人看到他纷纷侧目以示："天哪！乖乖虎，这么晚了你怎么还在外面晃啊？"他大笑："大家对我严格要求的程度可见一斑！"

而在他的性格里，占主导的是诸事要求完美。"我尽量让自己完美，希望自己不要让大家失望，配合大家的需要。"他说，自己是在经过很多年之后才明白，让每个人都满意是不可能的。"毕竟我不能讨好每个人，我其实也没有那么大的力量。我也不是圣人。"

那个"很多年"，是指他终于不堪重负，从台湾大学机械工程系休学之后。他的休学事件，震惊娱乐圈。乖巧、一味顺从的"乖乖虎"不见了，他要找回自己。也是那时，他看到了娱乐圈的人情薄凉："你之前做得好的时候，大家要捧你，可以一直把你捧到天上；而等哪天看你不顺眼，你让他失望了，要踩你也是一夜之间的事情。"

一个人也蛮享受

"年轻的时候好想谈一场轰轰烈烈的恋爱，但现在像我这个年纪，随缘分就好啦！年轻的时候会着急，现在反而心态放松。我可以很好地自处，一个人也蛮享受的。"

苏有朋曾前往英国游学，时间虽短暂，却令他印象深刻。着装稀奇古怪的庞克，鳞次栉比的咖啡馆，趣味迥异的小酒馆……令他眼界开阔，他说："生命原来是可以如此多元化的。"

由青涩稚嫩到成熟，又何尝不是生命多元化的体现呢？

"成熟对我来说，意味着包容和理解。而年龄的增长，也是一个顺其自然的事情，该来，就来了。"他淡然一笑，神态若有所思，"你只能做你自己，担心或者不担心，都于事无补。"

感情呢？若干年前，苏有朋曾接受过一个访问，访问中，他信誓旦旦地表示自己会退出演艺圈，认真拍拖，娶妻生子，过寻常生活。当我向他讲起这个，他再次哑然失笑。"情感并不一直都是空白，"他认真修正我的话，"并不总是空白，"他重复，稍作停顿，"只是，这一行的确不容易维持，不要说情人，有时跟朋友和家人都很难维持。三年前，我甚至很少见到家人，好朋友也都快不见了……那时，我决定调整一下生活的状态。人生毕竟不是只有名利和事业成败，而是由很多部分组成的……"

"时间还是最大的问题，当你有休息，而你拍拖的对象可能在上班；找同行？不是见面的次数更少吗！也许只有到半退休状态才回去好好谈一段感情？"他旋即否定自己，"我自己也不晓得。"

"年轻的时候好想谈一场轰轰烈烈的恋爱，但现在像我这个年纪，随缘分就好啦！年轻的时候会着急，现在反而心态放松。我可以很好地自处，一个人也蛮享受的。"

戏剧远不是真实的生活。这一点，苏有朋清醒地知道。"《情定爱琴海》里面的关小童不错。"他边笑边自顾强调，"是戏里面的关小童不错，当然蔡琳也很好。她个性独立，对爱情又专一执着，——有时候你会发现，条件好一点的女孩子会比较花心一点。呵呵……"此时的苏有朋，坦诚率真性情毕露，仿佛不是在接受访问，而是像寻常朋友间的聊天。

闲暇时，苏有朋享受如他所说的"单身雅皮都市男"的生活。

"这就是我刚才跟你讲的，做艺人就是当你有时间的时候，你身边其实是没有什么人可以配合你的时间的。"他双手一拍，肩膀微微一耸，"你只能自己想办法把自己的时间安排好。"

做运动、健身，是必修的功课。而在台北，他依旧喜欢热闹。"我其实骨子里不是那种喜欢一个人去做事的人，我台北的房子有时安静得像在闹鬼——有些人是典型的独处型，一个人可以待在房间里看看书，看看碟，三五天不出门没关系。"他再次摇头，"我不行，是必须出门的。"

在台湾，他自己可以驾轻就熟地逛街。开银灰色的BMW，已经开了两三年有余。一个人跑来跑去，吃饭、买东西。"但是至于玩乐，"他笑，"那另当别论，不会一个人去看孤独电影，也不会一个人跑到酒吧喝闷酒。"

说到小吃，苏有朋禁不住眉飞色舞。每次回到台湾，他必吃的食物是街边的豆花和甜点。传统的豆花，冬天可以添加姜汁。"我跟所有去吃过的小店的老板或者小弟都会变成朋友。"言及此，他露出得意神色。车开过去，车窗摇下来，照例是三碗带走，一定要加姜汁。

鱼翅肉羹亦是苏有朋的最爱。所谓的鱼翅，只是菜的一种称呼，50块台币一碗。"每次回台湾我都会去大吃一顿，哇！怎么会那么好吃，每次我都会觉得很幸福。"

在不曾赚到很多钱之前，苏有朋曾梦想自己可以拥有一所大房子。"让家人可以很好地生活，自己也有一个可以放松的空间，不会有任何委屈。"他一度热衷于购买装潢设计方面的书，研究漂亮的设计。

"所以我现在在台北的家，"他笑出声来，"对一个人来说还是蛮大的。"黑白灰的简约色调，客厅里沙发是黑色的，地面也呈现深灰色。一面墙他刻意留白，挂了铁丝网，一排灯光自上而下打下来，用作随兴的装潢：挂照片，画幅，甚至涂鸦，"装潢如果过于固定，未免会觉得单调，留白则可以带来多重变化，产生无尽可能。"苏有朋解释说。而现在，那面墙上挂的是美国著名波普艺术家安迪·沃霍《玛丽莲·梦露》的仿制品，那是他在旧金山艺术博物馆购得的。整个空间设计通透、简洁，呈现出开放式的格局。他笑："躺在床上甚至可以看到洗手台。"

时尚和潮流是艺人基本的功课。对于服饰装扮，苏有朋亦同样有自己的心得。"我不太会穿颜色过于花哨、艳丽的衣服。"就如此刻，他的黑色帽衫和牛仔裤。他平时的服装风格亦是以休闲为主。"Dolce&Gabbana真是一个设计天才！"他由衷赞叹。"他所设计的服装，不管是正牌还是副牌，都显示出大师的风范！"

而在他的衣柜里，西装反倒是居多。参加活动，出席派对，显得较为正式和庄重。他曾一度迷恋牛仔裤，七七八八搜集了不少。"但恰是真正好看的牛仔裤很难找到，我所认为棒而有形的牛仔裤亦不是很多。如果有看到，我会毫不犹豫地买下来。""如何才会入我的眼？"他指着自己腿上的牛仔裤，"有个性，而且可以配以正装。"帽子也是他的最爱。"因为我的头很大。"他的憨态可掬令我们忍俊不禁，同时哈哈笑出声。

孙燕姿
追寻简单的快乐

假以时日,是否所有层层包裹的茧都会破壳而出,变成绚烂的蝴蝶?

同样,在那条名叫光阴的河流里,是否所有曾经的灰姑娘都会华丽变身,成为万众仰慕的公主?

钻石总要多次切割,才会呈现光彩熠熠的棱面。

一粒寻常的沙子,也只有经历河蚌经历诸多磨砺,才会成为洁白的珍珠。

而一个人的成长呢?

那一定包含了灰色、辛酸甚至痛楚,经由时间的锤炼与打造,方达到快乐的彼岸。

那样的快乐,也才够真实,更简单,更抵达心灵。

什么都无所谓的状态很可惜

"人所曾经经历过的东西,都会变成你精神的一部分。最可怕的是经历了伤痛或者不快而变得麻痹,什么都无所谓的状态很可惜,因为你的生命已经停止了生长。"

无论如何,我们渴望知晓她的故事。

那样的故事,不是关乎现代社会里俗套的灰姑娘、水晶鞋、午夜十二点的钟声、南瓜马车以及英俊帅气的王子,而是关乎一个人的心灵成长。

"我很珍惜我现在的地位和空间,"她笑,"你知道,其实现在的歌手要成功,是越来越难。""对我来说最大的成长是从学生变身歌手,然后大受欢迎……大受欢迎,是这样吧?"端坐化妆镜前,面对我们的探询,孙燕姿如是笑言。

"身为艺人,多会是敏感而自我,所以冲突未免存在,比如对歌迷,"她轻微耸了耸眉头,"我会又喜欢,又不希望他们侵犯我的隐私,不要突破我的个人空间。"

"你知道,有些歌迷认识久了,行为会很放肆。"她无奈摇头,陷入短暂停顿,似在考虑如何措辞。而当我们请她略举几例,她则笑着婉拒,似乎担心又会伤害歌迷。"你看,艺人就是这样,既希望可以做更多的通告,又觉得会有些烦琐。"她感叹,"矛盾之下,会令很多艺人变得不够单纯。"

张张唱片都畅销,然而,对于孙燕姿,不开心并非没有。

孙燕姿坦言,最初,盛名之下,戴着明星的面具,她甚至无法拿捏自己表现的分寸。甚至一度没有安全感。就算要出门,也要踌躇再三:搭配如何的衣饰算是得体?我这样穿会不会很土气?脸上该保持怎样的表情?亲切温柔一点比较好,还是矜持一点比较好?哪种讲话方式会比较合适？有时自己把自己弄得紧张而近乎神经质。

三年前，孙燕姿一度曾在歌坛退隐。"原因在于我的生活失去了平衡，工作很多，一直在工作，工作，工作……"她强调，"我不知道自己除了工作还剩下什么东西，演唱会结束，回到家里，就孤单单一个人，那个时候你发现原来自己是全世界最孤单最寂寞的一个人，那种寂寞的感觉几乎要渗入骨髓，几乎没有办法做任何事情，那种感觉太强烈了，也不知道自己除了工作还会做什么，觉得自己没有办法，也不可能再这样超负荷工作……"

舞台上，她兴高采烈；一个人时，却是面对寂寞怅惘。心里发慌，觉得生活开始灰暗，甚至开始轻微自闭，不愿意跟别人讲话，因为觉得周围没有人可以了解自己。别人也都觉得燕姿怪怪的，但是不知道她的问题出在哪里。

"而且我也讲不出口，"她轻轻叹了一口气，"因为心里太痛了。自己也努力要表现得完美些才对。"

她笑："我的精神状态有一点接近崩溃，非常不开心，就是觉得实在很难继续下去，必须放慢脚步，甚至要停下来……"她开始尝试"无所事事"，就像《完美的一天》里所唱的那样，不再去想音乐和工作的事情，每天待在家里扮宅女，睡觉睡到自然醒，看电视，修剪花木，养狗养乌龟，看鸟儿在花园里筑巢……

现在回想这段经历，孙燕姿笑言："如果那时候告诉家人，他们一定会建议我去看心理医生。但我一直不跟他们讲，所以他们只会觉得我不开心，并不晓得事情已经很严重。我的心理属于比较坚强那种，自己可以承受一些压力。"

"现在看来，根本就没有这个必要。你所需要的东西只是自己需要的东西。"她的话语听起来似乎简单而又蕴藏无穷深意。"慢慢地，我开始问自己到底需要做什么。即便成名，我也有我作为一个人的真实的需求。这就如压力，压力是别人给你的，如果你很在乎，你就会感觉到它的存在。如果你不在乎，而把心思放在自己的努力和做自己喜欢的事情上，你就不会感觉有压力。而且，我也学会了沟通。

就是不管事情可不可以得到解决，我会先把它讲出来。让他们知道，我需要支柱。"

孙燕姿笑言，自己年纪更轻的时候，就是这样，看问题往往会看得很重，会很在乎。念书的时候，坐公车觉得自己按车铃会很丢脸，而等着别人来按；喜欢的男生却不喜欢自己，也会让她觉得丢脸，放在心上，不能释怀。

而奶奶两年前的过世，令孙燕姿遭遇丧失亲人之痛。"我一直没有谈论过过这个事情，现在也许可以跟你谈谈……"话语刚落，她的眼睛立刻溢满泪水。沉默许久，她望着我，"对不起，原来我还是没法谈论这件事情……"

孙燕姿说，每一次的经历，都会给自己带来一股成长的力量。"人所曾经经历过的东西，都会变成你精神的一部分。最可怕的是经历了伤痛或者不快而变得麻痹，什么都无所谓的状态很可惜，因为你的生命已经停止了生长。"

"生活中我的朋友并不多，而对我来说安全感更是来自一个人的内心。我希望自己生活里的内容，都是自己可以去掌控的。而我当下的生活与工作状态，都在我的掌控之下。像今天拍摄杂志封面，也是因为我想做这件事情。"什么东西自己可以控制，什么东西又在自己的掌控之外，这对孙燕姿而言极是重要。不能控制的，她简单举例，比如别人对自己的感觉和想法。"我唯一要担心的是，作品到底够不够好。"

"我遇见谁会有怎样的对白/我等的人他在多远的未来/我听见风来自地铁和人海/我排着队拿着爱的号码牌/我往前飞飞过一片时间海/我们也常在爱情里受伤害/我看着路梦的入口有点窄/我遇见你是最美丽的意外……"正如孙燕姿在《遇见》那首歌里所吟唱的，人的生活有时是一个不断探索和寻找、不断遇见的过程。"你碰到不同的人，便会摩擦出不同的火花，有不同的付出，而你碰到不同的人，也会影响你的爱情观。"

而孙燕姿自谓，她要的爱情很简单。"人的外在、家庭、朋友、钱……这些因素会影响两个人的爱情，但不是最根本的。爱情其实很简单，爱一个人也很简单，当你明白了这种简单，你会觉得爱情其实很容易。至少，我对爱情是一个比较乐观的人。"

有了自信和智慧，美丽才会更持久

"有人天生的身材或者脸漂亮，可是我觉得你要再多一点东西，譬如，自信，智慧，这些对于女性来说很重要。"她为自己倒了一杯可乐，"我也见到过一些很漂亮的女生，但是，她们没有自信，或者缺少智慧。有了自信和智慧，美丽才会更持久。"

在公众心目中和传媒视线里，出道颇久的孙燕姿一向以乖乖女的健康形象示人，少有不良传闻。此番，我们按捺不住好奇心，向她的经纪人探寻："真正的孙燕姿是如何呢？她如此完美的形象是被刻意打造包装出来，以便向市场兜售，抑或这即是燕姿的真我面貌？"

听到如许问题，她的经纪人不禁莞尔一笑。"她表现出来的是一贯真实的自我，这种表现与你们所谓的'乖'或者'不乖'无关，她只是在表现自己，而不是我或者公司保护的结果。"

最早听她的《绿光》，音乐能嗅到一丝叛逆的气息。而且，玩音乐的女生，在我看来，骨子里都是叛逆着长大的。果不其然，"叛逆？"她往嘴里塞了一块柠檬味的饼干，"现在也有啊。我没办法跟你分享更多细节，但是我有我的主见，对于想做的事情，我一定会去做。我不会令你不愉快，但也不会妥协。"

比如骑脚踏车，父亲一直觉得骑脚踏车对孙燕姿来说很危险，但孙燕姿一直坚持骑。"他对我有点太over了，太保护了，他宁可希望我开车出去，可是你知道有时开车很烦的，不够自由，所以我还会骑脚踏车出门，但不会去跟他讲。"她脸上浮现出恶作剧般的笑意。

问她什么时候最严重？答案还是念书的时候。从中学开始，一直持续到念大学。"叛逆的人不会是为了叛逆而叛逆，每个人都有自己的idea和creative，你喜欢的东西我不一定喜欢，但是我就是愿意尝试和挑战。"

在中学时，虽系书香门第，孙燕姿却不以功课为重。交男朋友，谈恋爱，玩音乐，叛逆得不亦乐乎。

第一个男朋友开计程车，孙燕姿的父母极力反对，并非门不当户不对，而是因为其工作有危险性。而放学时，那男生便早早在门口迎接。"哇！那时觉得好威风。"会去当时流行的迪斯科舞厅，打扮得夸张而怪里怪气。最夸张的衣服是一件超短的塑胶裤，配以有着超高跟的高跟鞋，戴着黑色长假发，涂着紫色的眼影，再贴上几颗亮片。

而现在叛逆的冲动犹在。穿夹脚拖鞋去街上遛狗，去超市买菜，去楼下的美食街面馆吃最爱的肉臊面。不加修饰，穿得随意。俨然就是路人甲或者路人乙。别人看见她，难免好奇，会投来疑惑的目光，或者干脆问她是不是孙燕姿。她脸不红心不跳地看自己的书，吃自己的饭。"人家会说，你是艺人，不可以这样子，你要打扮得怎样怎样才可以出门，我会问他们：为什么？为什么我一定要像别人那样？"

我们称赞孙燕姿穿裙子好靓，她则笑言："以前唱片公司会建议说，你就穿裤装好了，呵呵，而现在就可以换裙子了。"

干练中性的裤装，到旖旎多姿的裙子，孙燕姿在慢慢回归自己的女人味形象。"我觉得每个女生都有自己自然的女人味，除非是同性恋。"她大笑。而在孙燕姿看来，女人味更非意味着桃红色的裙装或者装扮清纯，它是属于女性的一种特质。小女人或者大女人，孙燕姿属于哪一种？她笑，"应该是小女人吧。而我的女性朋友中确实有一些比较有power那种。"

"有人天生的身材或者脸漂亮，可是我觉得你要再多一点东西，譬如，自信、智慧，这些对于女性来说很重要。"她为自己倒了一杯可乐，"我也见到过一些很漂亮的女生，但是，她们没有自信，或者缺少智慧。有了自信和智慧，美丽才会更持久。"

问她如何界定自己，是美丽还是充满魅力，孙燕姿笑道："我是既美丽又有魅力吧！"话一出口，她旋即惊叹道，"哇！我这么说会不会显得非常厚脸皮！不过我平时看东西真的蛮多的！我也喜欢穿美丽的衣服，把自己打扮得美美的。"

请她向读者推荐自己最得意的扮靓方式，她兀自哑然失笑："得看当时心情，不过戴帽子算是其中一个。"她略作解释，"比如如果夜里没睡好，头发会很糟糕，而又没时间打理，戴一顶帽子会增加自己的自信指数。"

问她是否会喜欢购买华丽风格的衣饰，她又是笑着答道："看心情。"月亮星座是双子座，上升星座是金牛座，这倒也符合她的心态。两个答案都是看心情，令一旁的编辑忍不住要给孙燕姿做心理测试，她居然就好奇地答应了。

"你正在做一件事情，突然你一抬头，发现钟表停了，那么你觉得自己是正在做什么事情？希望表针停在几点钟？你当时的心情是如何状态？"编辑问道。

孙燕姿略作思忖："我应该是在跑步吧！表针停在晚上12点钟，我的心情很爽啊！"回答完毕，她呵呵直笑，"因为表停了，你做什么事情都可以！"

"测试的答案是这样：你在奔跑说明你的状态一直很忙碌，表停在晚上12点，说明你还希望跳离现在的状态，可以不再受约束，自由地做一些自己想做的事情。"

孙燕姿大笑："跟我的当下心境差不多。"

尝试从每一件小事中获得乐趣

"给自己一个空间，让心灵可以安静下来。这也是自己要做的事情之一。这样的事情，还包括什么都不做，在家里发呆；也包括出门去剪头发，这也是重要的事情。你明白，我现在尝试从每一件小事中获得乐趣。"

有期待，人才会不麻痹，才会不断追寻属于自己的快乐，而期待的力量从何而来，孙燕姿说自己也不清楚。那种力量于她，仿佛是与生俱来。但她强调，这种力量与宗教无关，但也许会与信仰有关。这种信仰，源自对人本身的理解和信赖。

就如此刻，拍摄间隙，孙燕姿赤足站在白色冰冷水泥地上，接受我们见缝插针的访问。编辑助理善意地递给她一个厚厚的棉垫子。她接过来，很自然地说了句："谢谢！"没有丝毫的矫饰。

她盘腿而坐，因了拍摄的顺畅，而侃侃而谈。享受舞台上的快乐，那会带给她一种满足感。在旁观者的臆想中，孙燕姿的生活劳碌而忙乱，她笑着摇头说NO。"若是几年前，我的生活状态也许会是你说的那样，"孙燕姿说："但现在，工作不是人们想象那般繁忙，我喜欢享受并追寻简单的快乐。"

"给自己一个空间，让心灵可以安静下来。这也是自己要做的事情之一。这样的事情，还包括什么都不做，在家里发呆；也包括出门去剪头发，这也是重要的事情。你明白，我现在尝试从每一件小事中获得乐趣。"

快乐的人总会找到快乐的理由。追寻简单的快乐，旅行算是其中的一种。埃及、希腊、印度、布拉格、南非……她热爱的国家总是充满浓郁的异域风情。埃及的古老金字塔与尼罗河；印度女子色彩绚烂的飘逸纱丽；布拉格则遍布凝重的斑驳墙壁，哥特式教堂，听管风琴的演奏，有着别样的黑色风格。在非洲，她则热衷于当地的传统集市，带着相机逛来逛去。"旅行的时候，我不会刻意寻找所谓灵感，我希望自己是处在一种放松的状态。"

拍摄现场有两只狗：吉娃娃和贵妇。谈话之际，吉娃娃踱步到孙燕姿身边，她停止讲话，怜爱地将那只狗抱在自己的膝上，不停抚摸着狗的脑袋。"旅行的意义在于它告诉你世界有很多的角落，在每一个角落每一个人都有自己的生活。你见到了世界之大，也会更加谦虚。"

而孙燕姿自己也养了两只狗，一只在新加坡的家里，一只在台湾。"我一回到家里，它们就会很开心很开心地围过来，让你觉得所有为它们的付出都值得。"在孙燕姿新加坡的房子里，阳台是一个花园，种满了各种树木和花草。而她最爱的是薄荷，因为有一种清凉的味道。"你知道，新加坡很热。"无可想象，孙燕姿居然还是收音机的忠实拥趸。她在阳台上用收音机听音乐，顺便看夕阳。阅读是令她沉静自己的方式之一。出乎我们的意料，她最近的读物居然是乔治·奥维尔的《1984》，内容充满幻想，色调则略带晦涩。

　　孙燕姿嘴里已经塞满了饼干，她嘟哝不清地笑着说，最近的尝试是在新加坡学习骑重型摩托车。"它实在太重了，"她伸出手比画，"我根本推不动。连着摔了好几次跤，教练都不好意思说我了。"上了三次课，实在不能继续，只有放弃。"但我实在很享受那种飙车的感觉。"

　　选择做事情，或者做什么事情，对孙燕姿来说，只是喜欢或者不喜欢而已。并非刻意为爱自己而去选择。攀岩、搏击，也是她的最爱。冲拳的瞬间，让她感觉到释放的愉悦。而身上青一块紫一块的淤伤，反倒不值一提。修习瑜伽，虽尚不到一年，却令她感觉到自己内心和身体的轻盈。

　　"我看过一则报道，说是赚钱越多的人越容易不开心，他们只希望可以赚到更多的钱。"她稍许沉默，"那种情况永远不会发生在我身上，我已经都拥有了。物质方面或者其他方面，我爸妈对我很好，我妹妹对我很好，感情暂且不聊。我有自己的朋友，有属于自己的一座房子，我有很多漂亮的衣服，有很多漂亮的包包……无论看到多么昂贵的东西，你都已经知道，它不会再增加你的快乐指数。"

　　在孙燕姿的欲望清单上，唯一的愿望就是开一场好的演唱会。"我要把自己的想法全部放到演唱会上，再做一张与演唱会有关的专辑，我目前的目标就是这个。"

　　孙燕姿说，从唱片的销量讲，自己也许是成功的。"而家人看到我开心，他们也会觉得开心。这是一件伟大的事情。所以我觉得自己很幸运，也是我最大的成功。"

佟大为
我有我作为

　　对佟大为的采访已经是第三次。犹记得上次见面，是在北京建国门外SOHO的一家咖啡馆。当我赶到，他正在接受另一家媒体的采访。我便折身而出，坐在咖啡馆外的椅子上晒太阳，打发等待的无聊时光。少顷，便见一行人散去。佟大为走过来，歉意地笑。有风，我担心外部的杂音会影响录音效果，他便自告奋勇帮我拿着采访机，并兀自举至嘴边。他的善解人意令人感动。

　　一年多过去，此番重逢，他看上去并无多大变化。装扮几近相似，只不过换了牌子和颜色。藏青仔裤，黑色印花POLO衫，NIKE古铜色休闲鞋，——不同的是，与上次的随意出现相比，这次他的出场排场大了不少。助理跟班宣传各色人等一大堆，极是高调。

彼时的他，紫色T恤、蓝牛仔、白色运动鞋，正适合他健硕的身材。质朴、健康、阳光，混合了男孩的纯真与男人的些许成熟，独特的SEXY味道呼之欲出。如田野植株，整个人散发出旺盛的活力。讲话时，始终保持微笑。不愿多谈的问题，便坦诚告诉你，轻轻带过。

一年多过去，此番重逢，他看上去并无多大变化。装扮几近相似，只不过换了牌子和颜色。藏青仔裤，黑色印花POLO衫，NIKE古铜色休闲鞋，——不同的是，与上次的随意出现相比，这次他的出场排场大了不少。助理跟班宣传各色人等一大堆，极是高调。

外面刮着北京立春以来最大的风，堪称飞沙走石。大厅里则有些人声喧嚣，看上去他的心情似乎也一派焦躁，全无悠游之意。相比而言，感觉他明显"大牌"了许多。初交谈，他仿佛与这次访问作抗争，讲话吞吐，眼神游移，飘忽莫定。有时，偶发惊人之语，"我根本不懂音乐"，——针对他的唱片；"他们（角色）属于上世纪60年代，我们根本就不是一个时代，能有什么相似之处？"——针对最近热映的《与青春有关的日子》。但是渐渐地，我们的聊天终至佳境。

电影是艺术品

"我个人还是想拍电影，电视剧再怎么好都只是艺术加工过的商品，而电影是艺术品，哪怕是商业电影也都是商品化的艺术品。""我确实一度有过要放弃的念头，那种感觉近乎悲观绝望，不被导演接纳，就像这个角色不被社会的主流认可一样。"

上戏毕业，来到北京。拍戏，一部部作品，人们记住了这个高个儿男生。《我爱你》《少年包青天》《玉观音》《阳光丽人》《海洋馆的约会》《一网情深》《夏天的味道》……单眼皮，偶尔会一脸坏笑，但绝不邪恶。在GOOGLE上输入"佟大为"三个字，会有236000

项搜索结果。无疑，他是国内最炙手可热的当红男艺人之一。

"我想做一名真正的电影演员！"尽管电视剧给他带来了巨大的声名，佟大为丝毫不掩饰自己内心深处始终蛰伏的电影梦。"我个人还是想拍电影，电视剧再怎么好都只是艺术加工过的商品，而电影是艺术品，哪怕是商业电影也都是商品化的艺术品，只是现在中国电影的整个大环境还没有达到一定的氛围，所以有好的电视剧也会先拍着，多积累多酝酿。希望有朝一日，中国能涌现出一批真正的电影演员，而我有幸是其中一个。"言毕，他便呵呵笑了，极是自得。

事实上，他的运气已经太好。大学尚未毕业，就已在海岩和赵宝刚的戏里挑大梁。他那张自认平凡的脸，却独得导演们的青睐，一部部片约接踵而至。"真的，我都不知为什么，那时我是我们班里接戏最多的人。"他望着我，脸上挂着一丝懵懂的天真和掩盖不住的得意。

而佟大为的更大走红，同王朔脱不了干系。从最初的《我爱你》到当下火爆的《与青春有关的日子》都与王朔有关。尤其后者，剧中的方言即是王朔本人的影子。王朔高中毕业在北海舰队服役，尔后在北京一家药店上班，然后辞职写小说，其经历与《与青春有关的日子》中的方言如出一辙。而谈及王朔，佟大为的语气充满感激与佩服，"我跟王朔认识，但是不熟，感觉他是个很有才的人。拍《我爱你》的时候我们曾经一起吃过几次饭，他的知识面很广。"

《与青春有关的日子》台词极是精彩，但是"动辄长达八九页纸的台词要一个镜头下来，导演要求一个字不能落，完全按照他写的那个东西去背，中间不能有任何差错。有些词我还不知道怎么说，全是北京方言。"他感慨地摇头，眼睛注视着别处，"那些日子我甚至在卫生间都在背台词，连梦中也在说来说去，自己把自己憋得像头困兽……"他大笑，"我总算知道了什么是真正的笼中困兽。"

外表光鲜，衣冠笔挺，从者如云，结识名流贤达，频频现身于各种时髦场所……这一切总会令观者产生错觉，以为这就是明星的全部生活。而他们所有的一切名利也似乎唾手可得。事实显然并非如此。

"（佟）大为演民工的时候作了很多努力，有一个阶段之后我再见到他的时候，他从某种内心程度在那个阶段有了一些变化，他的头发被压扁了，他也不梳头，拍戏的刹那恍惚间我觉得他不是佟大为，就是一个很正常的民工在我面前，他作出的努力出乎我的预料，不仅仅是外部的变化，还有内心的变化。"在一次访问中，电影《苹果》的导演李玉毫不吝啬对佟大为的欣赏。

这种欣赏基于影片拍摄前的不信任。这种"不信任"甚至达到了会派两个工作人员盯着佟大为去体验生活的程度。"演好安坤这个打工仔人物非常难，要从眼神、生活习惯等细节去体会，这令我感受到前所未有的压抑和压力，甚至想不演了。"他强调，"从导演到制片人对我都是有质疑的，质疑我从外形到气质是否能把这样一个角色诠释清楚。我真的很压抑。"

"我确实一度有过要放弃的念头，那种感觉近乎悲观绝望，不被导演接纳，就像这个角色不被社会的主流认可一样。我一直在问自己：既然有很多别的选择，为什么非要在这个剧组呢？但转念一想：既然作出了选择，就要坚持，责无旁贷，毕竟是男人，不能轻言放弃……"他"自毁"形象，颠覆了过往，穿着极朴素的衣装，刻意晒黑了皮肤，脸上涂满青春痘，动辄满身脏渍，汗水涟涟。

而最终，《苹果》给了他角逐柏林电影节影帝的机会，在世界影坛崭露头角。

我对母亲的爱更多的是崇拜

"我对母亲的爱更多的是崇拜！妈妈也总是理解我，总是用无限的母爱包容着儿子的一切……""那些所谓传奇般的爱情，隔着云端和帷幕看是美的，可一旦在生活中出现，任谁也难以忍受。真正的爱情还是平实些好。"

在18岁离家读上戏之前，佟大为一直生活在抚顺。提及少年时期的生活，他的眼神中忽而闪过一丝忧郁，然而转瞬即逝。"没什么特别的，我们那边的烤鸡架特别好吃，还有朝鲜泡菜。"他呵呵笑，"夏天，放暑假，买几瓶啤酒，几个凉菜，吹吹牛，侃大山，这事挺有意思。"他笑。忽而像个孩子，单纯得出乎意料。

"上戏没什么好玩的，缺少大学的氛围，人少，地方小。"他说，在读书时，玩的时间似乎比学习的时间要多得多。打牌，排练，看电影，看话剧，或者跑到学校附近的小酒馆去喝酒。喝醉又会如何？他淡然答道，不记得了，不记得了。然后从二年级开始接拍广告、接戏。从某种程度上说，他的运气似乎比一般人要好得多。

上海是个国际大都市。他说，但是不适合自己。言及此，他的语气没有任何的怅然。周六周日会出来骑车观察生活，积累表演素材。然后顺便打打牙祭。羊肉馅的包子。大碗的兰州拉面，漂着绿的葱花，牛肉切成薄片，褐色汤汁泛着油花。他说，这是无上的美味。

上海，北京，柏林。他开始满世界地跑。最令他牵挂的，却依旧是抚顺，包括他的写真集的拍摄地点。碧波沙滩，教堂广场，最初国内国外选择了无数地方，但最终觉得还是回到家乡为好。"在那边生活的时候没什么特别的感觉，现在则是尤为关注。""出来这么多年，总觉得家乡变化不大，很多人的生活状况令人担忧。"所以，他曾在家乡拍过一部片子，既是对家乡的宣传，同时又可创造就业机会。即便短暂，报酬也是杯水车薪，却是他的心意。我称赞他的善良，他笑，北方人都这样。

"抚顺是煤都。"他内心独白的讲述令人动容。"在家的时候，不曾感觉那个地方的美。而借拍写真的机会，我们拍了钢铁厂、炼钢炉，战犯管理所，即关押末代皇帝溥仪的地方。"他沉思，"那样的一个地方，会让人想到很多事。抚顺在历史上是清朝的发祥地。而清朝的最后一个皇帝又是在那里被改造过来的。一段历史在这里开始，又在这里结束。以某种方式。"他强调，"以某种方式。"

"妈妈是我前行的一种动力。"直到现在，他说，妈妈一直是对他影响最大的人。父亲出事的时候，母亲只有30岁，整整20多年过去了，佟大为说，妈妈一个人拉扯两个孩子，支撑整个家庭。"我以前不明白30岁对女人意味着什么，现在知道了，真的很难。而母亲承担了一切。她是一个坚强的人。"他的眼睛终于泪光婆娑，"那个时候，我什么都不懂，很调皮，逃课，捉鸟，下河。"妈妈终于生气，把他连同姐姐好一顿打，然后又抱着姐弟两人痛哭。第一次见到母亲这样伤心，他的心里顿时充满了恐慌。事后，妈妈跟他聊天，说如果他将来进不了大学，她会心理不平衡，会觉得对不住病中的父亲……

"所以，考上戏从某种程度上说是为了满足妈妈的心愿。她在适当的时候'激'了我一下，我真就考上了。否则，我不会想那么多。她性格豁达，颇有才华，我对母亲的爱更多的是崇拜！妈妈也总是理解我，总是用无限的母爱包容着儿子的一切……"

而姐姐则是他生命中另一个重要的女性。"姐姐很疼我，记得她去抚顺上学，用她一多半的生活费给我买了一件真维斯的衣服，那时候这个牌子的衣服很贵……可是我对姐姐态度一直不好，也许是越亲近的人越容易成为发泄情绪的对象……"此时，他的语气变得有些感伤。"

他说自己正在努力做一个有责任感的人。我试着开玩笑问他："拍了那么多感情戏，见了那么多漂亮女孩，会不会麻木？"他正色道："不是这样。你会更知道怎么去爱一个人，如何避免去犯错误。戏都是假的，虚幻的，都是编造的故事……而且从中你也知道什么是更好的了。"

"现实生活中哪会有那么多荡气回肠的爱情？那样的感情发生在戏里，会让人如痴如醉；但是如果发生在真实中，想必谁都会受不了。那些所谓传奇般的爱情，隔着云端和帷幕看是美的，可一旦在生活中出现，任谁也难以忍受。真正的爱情还是平实些好。"

所以，他的理想爱人形象，应该是可以相夫教子的贤妻良母型。"我可以养她，令她衣食无忧，结婚后，男人当然应该全力忙自己的事业，而女人应该全力照顾家庭。"他笑，"这一点上，我似乎很有些大男子主义。"

他继续阐述他的人生观："人特别愿意比较，这是不可取的，感情是不可比较的，每个人都有自己的优点。"这时，你会觉得，他已经不再是那个只会坏笑的"单眼皮"男生，而是一个正在走向成熟的男人。

只有更严格地要求自己

"因为有很多人在注视你,更多的人期待你会表现更好,所以,只有更严格地要求自己。""有时,看着那些古树我会发呆,人生是多么短暂,面对那些古寺,多少潮来潮去的事情都变成了幻空啊!"

"心态在成名前后会有变化吗?"他回答得坦诚:"尽量不让自己有变化。""因为有很多人在注视你,更多的人期待你会表现更好,所以,只有更严格地要求自己。有人说,演员是会影响社会的人。"他沉思,"和人打交道,会更客气、更谦逊一些。原来吃过这种亏,以前不相识的人会说,这人怎么这么牛啊。总之,有一段时间,给人的感觉挺高傲的……其实,那时是不知道如何去与人沟通,也不知道该说什么……"他无奈地摇头。他说现在他已经学会了主动与人沟通,以让对方了解和接受自己。"原来觉得这个挺虚伪的,现在看来是一种礼貌。"

每个人的成长过程中,都会有种种不为人所知的烦恼。明星尤其不例外。他们的一言一行都会被公众拿到显微镜下观察,而缺点又会被用放大镜无限放大,为人津津乐道。每个人都在这种观察中或被动或互动地成长起来。

是不是这个圈子真的叵测难料。所以他才会更怀念少年时期的朋友?和他们在一起,他会觉得更有安全感,更放松。他有七八个很好的朋友,每次回家都会聚在一起。交杯把盏,引觞言欢,一醉方休。他说那一刻的自己更放松。"这会让我记住自己是谁,知道自己是从哪里来。"他的眼睛看向别处。

"我也不知道时尚是什么。"他皱着眉头,作认真思索状,"是不是生活得有滋有味,做自己想做的事,能接受新鲜事物?"他挠头,"总之,在我看来,时尚和前卫有点关系,呵呵……反正,我似乎还不够时尚。"

为此,这个喜欢简单生活的人,不曾认真装修过自己的房子。对他而言，房子的概念等同于旅馆。他的更多时间花在剧组和不同的宾馆里。购衣准则是不求时髦，但求舒服。就如同此刻的简约POLO衫和仔裤。会经常开着车子兜风吗？他笑着摇头："危险，一个念头出错就会酿成大祸。"所以，他的原则是，车子少开为妙。

拍戏之余，佟大为热衷于体育锻炼，尤其喜欢游泳。因为这可令他保持身材匀称。他希望有闲暇的时间四处旅行。他曾有过一次愉快的经历，在海边放风筝，惬意之余，突然一群影迷蜂拥而至，将他团团围住，签名，合影，不亦乐乎。所以，他最大的愿望便是可以不被打扰地在海边晒太阳，喝红酒，当然，最好还有烤龙虾……

"不被打扰？其实也未必尽然。"半晌，他突然"修正"自己刚才说过的话。"委实，不被人打扰，独享一份安静是好的，可是，我现在渐渐发现，我所做的工作，其实就是一份被人打扰的工作。哪一天被人忘记了，我就该退休了，选择过一种安静的生活；而现在，我喜欢上了被人打扰，这说明有人关注你，在意你啊，要胜过无人理会……"他继而表示，这份"启迪"源于前辈梁家辉。"某一天，我跟他去餐厅用餐，吃饭间，断续有人过来请求签名或合影留念，他都笑眯眯地答应，没有任何的不悦。这令我很受感动，也颇受启发，他尚且如此谦逊，我作为晚辈后生还有什么理由不谦虚呢！"

佟大为如是描绘自己的性格：乐观，开朗，不好高骛远，从不画饼充饥。而话题终于回到他的新唱片《大世界小作为》。演而优则唱，早已是娱乐圈的惯例。捷足先登者比如陆毅，比如陈坤，"我只是一个演员，我也从未认为我演得'优'，演戏对我来说依旧是需要学习和探索。"他态度极为认真，纠正坊间对他的溢美。"一直以来我都是在演着别人的情感，戏中人的喜怒哀乐。这次选择用音乐表达自己，是我这么多年的感受的积累。仅此而已。"在这张唱片里，佟大为终于回归到单纯的自己，用歌声代替言语。如同城市吟唱者，在体味过千般角色、百般人生滋味后，又退回到自己固守的位置。从内心出发，用音乐的方式，审视自己曾经经历的人生。

"有时我想，世界其实很简单，虽然看上去很大，没有边际，但是我们每个人只需要有一点小的作为就够了。"他的嘴角浮起一层笑意。"寒夜里为自己泡一壶茶，看着茶叶上下翻滚升腾起伏，如果你能感觉到自己的心灵安静，说明你已经有了小的作为。人生苦短，为何要对自己苛刻？"

《幻想无罪》《我如此确定》《一念之间》《智齿》……经历爱情的困惑、坎坷沧桑后的自我放飞，清淡的木吉他伴奏，钢琴的缓缓引入，几许调侃，几许戏谑，年轻的冲动和鲁莽，渐次在青春的底色里铺陈开来。

佟大为毫不掩饰地说自己虽然出了唱片，可始终没有收藏唱片的爱好。"我没那么文雅。"他如是笑着评价自己。问及他心仪的歌手，竟然也与你我无二："张学友吧，读书的时候曾买过他的很多张卡带……"

佟大为身上有种难得的安静气，这也许与他的佛教信仰有关。我知道，他的房子里供有佛龛，"一个人有信仰，绝对是一件幸福的事。"他坦然答道。"在上海念书的时候，有一段时间，我喜欢去静安寺，有时候日子纷纷扰扰，心里难得平静。那些古木参天的庙宇便成了我的避难所。有时，看着那些古树我会发呆，人生是多么短暂，面对那些古寺，多少潮来潮去的事情都变成了幻空啊！"

"纯粹，简单，这才是信仰的最高境界。"

而佟大为，因为简单，才有更大作为。

王学兵
一个人的江湖

娱乐场中人潮翻滚,翻手云,覆手雨,翻来覆去,光鲜的面孔,委实层出不穷。

若无上进心,随时会有被淘汰的危险。

所谓上进,是有两层含义的:一为有好的作品映衬,碰上一部叫好叫座的作品,是艺人的福气和修为;二为曝光率,新人辈出,没有频频的曝光率,谁人会记得你,毕竟,老面孔与经典还是两码事。

王学兵算是幸运的一个。

从《将爱情进行到底》开始,便是一个闪亮的起点,人气一路看涨。

吉人,天相,便是如此。

曾经应某杂志邀请，做过王学兵的一个专访，聊天的话题局限在"酒"的范围内。也许是生长在西部的缘故，他对酒有种天性的热爱，不过他虽然极力配合，却仍觉骨子里有种淡然和沉寂。只令人感受到他的沉闷，不比有的艺人巧舌如簧，对答如流，采访结果皆大欢喜。

此番的访问，我对他无甚太高的期待，只祈求顺利完成采访任务即可。他刚从新疆拍戏回来，脸部晒得黝黑，相信如果再拍摄《少年包青天》，一定可以不用化妆。一双眼睛更是亮而发红，似乎依旧尚未从角色里走出来，无端透着一股狠劲。

拍摄外景时，他穿着大品牌当季的流行新款服装，从DUNHILL的外套到ARMANI的修身马甲，走在京郊一条僻静的马路上，背景是深秋的蓝天和黄绿斑驳的树木，看上去颇为赏心悦目。他的情绪好像不坏，对身边的助理小声说话，脸上带着隐约的笑意。

及至转换场景，拍摄与马在一起的场景时，他的情绪变得愈加明朗起来。小心翼翼地靠近那些陌生的褐色马匹，拍拍其中一匹马的脑袋，亲昵地和它靠在一起。那匹马则呼哧呼哧喘着气，一副极享受的样子。

这令我感觉到，这是一个有着极强的自我保护欲望的男人，对于陌生者，他保持着十足的戒心。——即便令人产生不快甚至误解。

他已经习惯于沉浸在一个人的世界，这个世界，他不会轻易与人分享。那是他独步行走的江湖。

"在戏剧艺术创作中，只有小演员，没有小角色。"

多年前的一部青春偶像剧《将爱情进行到底》让王学兵走入了观众的视线，电视剧《海滩》更把他推到了国内一线小生的位置。

比之其他艺人，王学兵的星途之路还算坦荡。他一路走来，令我们看到了一个蜕变中的王学兵。

王学兵与中国重量级导演张建栋首度合作，出演电视剧《让爱做主》中的肖天海。"编导向我提出了更高的要求，要把肖天海的几次转变表现得更合理。"他承认自己遇到了难题，被逼着向自觉的革命期过渡。结果是，当肖天海躺在病床上与女友道别，无数的观众都忘记了这个大男孩曾经的放纵和嚣张，为他落下了宽容与同情的泪水，王学兵的演技和魅力开始在银屏上初放异彩。

电视剧《秘密》中，王学兵几乎每集都要哭。"是否你要转型成一个悲情演员？"他摇头："哭只是表现人物、情节的手段。"至于演戏，王学兵坦言自己拍了很多戏，一直都希望能够不断地有所突破，"但是就像一个孩子要长大，需要一个日积月累的过程，绝对不是一蹴而就的。"三十而立的王学兵却毫不避讳地坦承自己的表演仍处在成长期，需要不断尝试和进步。

"演员要做的是一个加法的工作，我比较喜欢在表演的时候即兴发挥，添加一些自己的感觉。没准还觉得很合适，因为如果你不尝试着去创作肯定就不会有新鲜的东西。我认为完全的改变和超越必须有一个特别合适的契机，这是一个从量的积累，到质的变化的过程。"他接受访问时曾如是说。

"每个人心中都会有一个江湖，它或是多情的或是血腥的或是温柔的，但这都不怎么重要，重要的是你是否认真地扮演过自己江湖里的一个角色。王学兵从未停歇过在自己的江湖里倚剑行走。"有人曾对他发出如许赞美之词。

在电视剧《羊城暗哨》中，王学兵为了一句诺言，付出了很多，他本来是一个没有什么"革命""党"这些概念的人，但为了自己对廖书记的一句承诺，甘于"铁肩担道义"。

张爱玲作品《倾城之恋》里，他饰演白流苏的前夫唐一元。对于王学兵来说，这个角色是一次全新的挑战，他的形象也发生了很多变化，不仅人瘦了一圈，头发也被剪得跟以往忠厚朴实的警察形象大相径庭。

唐一元受中西文化的影响，穿西装、抽雪茄、会跳舞，既有绅士风度又有纨绔子弟的习气。对于不熟悉国标舞的王学兵来说，跳舞的难度很大。为了将剧中出色的舞技活灵活现地展示在镜头面前，他加班加点，在片场和舞蹈老师切磋，回宾馆后接着看DVD练习，即使在"明日之星"片场的时候，他也在不停地认真揣摩舞步。

在"明日之星"的节目录制现场，在嘉宾为选手出题环节，王学兵请选手两两搭配，重现电视剧《绝对控制》中警察薛冰审罪犯的片断。导演让王学兵上场，出演薛冰身边的陪审员，全程负责记笔录，只有一句台词，就是对犯人说："说！"

从角色上说，这是一个小人物，假如王学兵例行公事地表演一下，亦是无可厚非，但王学兵却没有放过这以身示范、精益求精的创作机会。严厉的面孔，凌厉的眼神，利落的动作和响亮的声音，小小细节透露出陪审员特有的严厉、正义。全场掌声雷动，没想到一个小角色的创造，竟然会引出这样好的效果。

"没有台词的表演最难演，许多镜头都要通过眼神、面部的细微表情以及肢体语言来表达，所以演员要在细节上下功夫。在戏剧艺术创作中，只有小演员，没有小角色。"他如此对选手说，坦诚真挚，推心置腹之极。

"回头再看这些零碎的成长片断，一日为兄弟，便是终生有情义。"

"和父母住在一起过着衣来伸手、饭来张口的日子。想起当初把他们接来的初衷，不免有点惭愧。每天中午，他们都会做好饭叫我起床，就好像又回到了上中学的时候——只是早饭的时间推迟到了中午。

"最近母亲常常搞点发明创造，研发一些新菜品，比如中式'意大利面'什么的，一切都为了能让我吃得好一点、可口一点。他们从不说我胖，总是说：'你瘦了，你瘦了'，其实……每在家住一段时间都会胖几斤，看来幸福有时也是一把双刃剑。"

这是王学兵博客上的一段话，字里行间流露出浓浓的情感。

"对我影响最大的人便是我的父母"，他说自己的父母从未给过自己任何的压力与要求，甚至从不参与学兵的选择，更不命令学兵要做什么，不做什么，这给了学兵极大的自由发挥空间，而父母本身自然流露的言传身教也让学兵学到做人最根本的东西。

《羊城暗哨》里，王学兵与他那几个江湖弟兄在年龄上差异不是很大，这个江湖大哥跟底下的兄弟等级关系没有那么森严，"半镇酒家"是江湖中的一个栖息地，半镇的兄弟是家人，是可以为了义气、情分"忠勇走天下"的家人。

这是王学兵对《羊城暗哨》的理解，也是打动王学兵出演《羊城暗哨》的原因。两肋插刀义，怎能轻忘记？"我认为在演绎所有的角色时都会联想到生活中的一些事，《羊城暗哨》中的兄弟情和我们熟悉并理解的兄弟情并没有太大区别。"面对生活中的江湖，王学兵也颇有侠义之气。

因为乘同一列火车从新疆到了北京，因为同一年毕业于中央戏剧学院"新疆班"，王学兵和李亚鹏成了铁哥们儿。王学兵自言在上中学时就认识李亚鹏，在中戏又和李亚鹏睡上下铺，而刚毕业时那段"北漂"的日子，王学兵和李亚鹏更一起住过地下室。

忆及当初，那段同甘共苦的日子至今依旧历历在目。被问到是否介意自己的名气不如患难兄弟李亚鹏时，王学兵的态度异常严肃："他当然是我生命中最重要的人之一。"他坦言，当初自己接拍《将爱情进行到底》，就是因为李亚鹏的极力推荐，也正是这部戏让王学兵一炮而红，他把朋友看得很重。

陈建斌更是他的圈中好友。"大学一年级时，我们即在《梅花三弄》中扮演了只有一句台词的清兵，那是我们第一次出镜。"当天晚上，他们用第一次拍戏赚到的70元钱在一个小饭馆里暴撮了一顿。平淡之中见真情，他与李亚鹏、曹卫宇曾经整天腻在一起，做饭、喝酒、打台球、掏心窝子、聊天、抬杠，"如今都有自己的事情干，各有各的忙。"回头再看这些零碎的成长片断，一日为兄弟，便是终生有情义。

"如果忘记一切，人生还有何意义？"

喜欢开越野吉普车，也喜欢驾车旅行，去西藏或者青海这样遥远的地方。

"我在少数民族地区长大,仍觉西藏有太多令我震撼之处。我对西藏一座叫冈仁波切的神山印象尤为深刻,它高大、冷峻,顶上遍布积雪,在阳光下熠熠生辉,让人心生敬畏。山脚下有当地和远方来的徒步转山人,手持铜质或银质的转经筒,很虔诚。每次到那样的地方去,都有震撼。"

"我很难用语言去形容初见冈仁波切的感觉。呆呆地看了一会儿,我回过神来,再看看周围的同伴们正在拍照,远处磕着长头的信徒正朝着山的方向前行。这座山是西藏人心中的神山,围着它转一圈便可洗去你今生的罪孽。我萌生了去徒步转山的念头,不为赎罪,只为寻求途中那短暂的宁静。不再有手机刺耳的铃声,不再有城市嘈杂的汽车声,只能听见脚踩着积雪的声音,心跳的声音……"

他的语气有着一贯的淡漠,即便是聊到自己钟爱的话题亦是如此。

他曾同朋友驾车自西宁至格尔木。车窗外,地貌有了明显的变化,地势变得越来越平坦。极目望去,除了大就是大边的一条直线和脚下通向天边的路。他们向格尔木的方向继续行进着。前方不远处的公路上,像是一大片乌云落在了地面上,"其实那是沙尘暴。"他轻松一笑。

对这次出行,他有过细致的文字描述:

"向车后方望去:晴空万里——眼前,却是黄沙漫天……

"大家通过电台商量着:是冲进去,还是等眼前的沙尘过去后再走?最后决定冲进去。车缓缓地向前,我再次回头看去,不禁乐了——还商量什么?我们的身后也已经是黄沙漫天——我们已经被沙尘包围了。只有向前。我们开着大灯,以每小时20公里左右的速度行进着。

"两个小时过去了,格尔木在哪儿?格尔木还存在吗?!——若干年后,人们发掘被沙尘掩埋的格尔木时,会不会在离它几十公里或几公里的地方挖出3辆吉普和10个远行的男人?我愉快地胡思乱想着。记不清又过了多长时间——格尔木终于到了。被风沙洗礼过的格尔木,一切都是灰的——街道、树木、房屋、人们……终于到了,我们沿着格尔木陌生的大街行进着。车载电台里大呼小叫,车上人人欣喜若狂……街上的格尔木人神情自若。"

那种感觉,近乎劫后余生。

爱山的男人,多半是因为某种不可言说的孤独,他也一定喜欢喝酒。

"酒是很有魔力的东西,水的外形,火的性格。"他的回答生动而出挑。

再度让他推荐几款混饮的方式,他难得地话语不绝,如数家珍:"Absulute Vodka现在出了很多口味,比如水果味、辣椒味。但是我还是最喜欢原味。喜欢用Vodka加橙汁,威士忌加苏打水或长岛冰茶。以前我也喝过龙舌兰混合雪碧,或者加入少许的盐,龙舌兰是一种不错的酒,比较烈,比较男人。"

问他如果有可能,会不会尝试《东邪西毒》里黄药师的那款醉生梦死酒,喝过之后,会忘却尘世的一切。

他不置可否地摇头:"如果忘记一切,人生还有何意义?"

辛柏青
每个人的选择

都说相由心生,此话毋庸置疑。

看辛柏青的乐天与达观,无不令人感叹,人原来可以活得如此随性而洒脱。

而这样的洒脱,又并非空穴来风,或者空中楼阁,它植根于真实质朴的生活基础上。

达观的,又是悲悯的。有时,悲悯何尝不是一种美德。他说,自己的神经,这段时间一直紧紧挂在汶川灾区和灾民身上。

而他称赞那些深入灾区一线的解放军官兵:"他们是最可爱的人。"

只有在舞台上，你才是一个真正的统治者和中心

夏日北京，一场大雨正在酝酿之中。阴云堆满了天空，沉甸甸，湿漉漉，仿佛随时会滴下水来。位于北三环的北影厂内，绿意葳蕤，紫色梧桐花散发着淡然幽香。行走在林荫道上，心立刻沉静下来，仿佛进入远离尘嚣的清静所在。

这样的环境氛围，适合对辛柏青的访问。而他淡泊的心智，无疑与此处的清幽情景相映成趣。

两杯清茶，三五根烟，间或闻得鸟语嘤嗡，便是一番彻骨的清谈。

坦率，真诚，言辞恳切，不加藻饰。也谈名利与演艺圈的虚荣，语气却是疏离而淡然的。而他的笃定与自制，却由眼神间散发出来。黑白分明的眸子，散发的已然不是少年人的纯真，那是超越纯真之上的。仿佛明了和洞察了生活的目的和意义，尽管对于生活，他说自己依然是一个探索者。

并非未曾经历惶惑、犹豫与徘徊，——没有人生来即是神灵。他也曾经历种种不为人知的苦恼，而当痛苦的一切都可以超越，生命便开始以一种崭新的姿态跃然出现。

接近人间，接近真实。

"只有在舞台上，你才是一个真正的统治者和中心，你就是国王。而在电视剧里，你不会有这种感觉，导演才是。"

可以不做明星，但一定要做演员。而辛柏青最钟爱的，依然是他的角色。宣传方把电视剧《雪狼》称为是"谍战巨制"，辛柏青摇头，不以为然。"我倒宁愿称它是一个探讨人性的作品。"

而他在其中的外科医生角色，身份特殊。人物的关键词是：精神感召、人格魅力、转变、信仰、心地善良、爱国。剧情繁冗，他耐心

向我介绍。及至外科医生的结婚,搜集对地下党有利的机密文件和情报,却背叛了家族利益。

"在拍摄的时候,你会感受到人物心灵的扭曲,因为他所做的事情是背叛家庭的。"辛柏青弹掉手中的烟灰,"但是为了民族的利益,又不得不这样去做,这种行为,可能是现代人无法理解的,很难体会到这种精神上的煎熬。"

他笑言已把人物的双重性演得足够突出,而拍摄手法的真实性,更是淋漓尽致。

同样,在《中国兄弟连》中,辛柏青曾担纲重要角色。问他是否对战争戏情有独钟,他摇头说NO。"我们所拍摄的战争戏,大场面非常好,千军万马;但反映细节的东西会偏弱一些,而好的作品应该是以细节取胜的。"

传闻辛柏青要出演新版《三国》中的角色,他笑道:"这个还没有最后确定。"高希希和陈建斌向他推荐刘备的角色,他自己则表示"不知道该怎么演"。"《三国演义》对他的描述有些伪,他身上的'善',似乎也是伪善。"辛柏青如是描绘自己对刘备的看法。

"就像易中天所说的,刘备的'伪'和曹操的'奸'……作为演员,我在塑造角色时一定要找到人物的原始动机,还原他的心理状态,否则,演起来我会很摇摆。而我找不到刘备的心理定位,觉得难度挺大的。"他的坦诚与直率,可见一斑。

"而且,我个人觉得刘备有点温,软弱,不及曹操的明快和周瑜的简单直接,不好演。"所以,相比之下,辛柏青说自己更青睐周瑜的角色。"周瑜是一个军事天才,性格直接,睿智而机敏,可以把握瞬息万变的时局,而在政治上他不是一个很有手段的人。相反,他不及诸葛亮在政治上更有全局感,会更单纯。"

与电视剧相比,辛柏青更青睐于话剧舞台。

《红玫瑰与白玫瑰》中,他与秦海璐等人,携手上演张爱玲的经典名作。辛柏青在其中饰演了更具自然属性的佟振保,单纯地追求情欲。

"舞台剧是不间断的表演,一个半小时下来,你可以淋漓尽致地表达自己，即便偶尔演错，也不可悔补与逆转。这也正体现了现场演出的魅力。在与观众交流的瞬间，你会发现他们喜不喜欢你，观众有没有根据你的表演随着你的情绪走……我在台上演出的时候，甚至观众的一呼一吸我都能感觉到。"面对我讶异的目光，他笑，"真的不夸张，真的是这样。当观众屏住呼吸看我表演，我知道，他们正提着气呢；而当我有轻松诙谐的表现时，他们又舒了一口气，很快放松下来，微笑或者大笑。演员和观众是互动的，特别强烈。"

"真正好的舞台剧演员是兼顾的，完全投入或者跳出角色之外，就像京剧的亮相，是亮给观众看的。布莱希特的表演体系就很像我们京剧的表演，换句话说，真正好的演员是有第六感或者是控制自己的，有一个自我在演戏，另外一个自我在审视自己，在舞台上演得最好的时候，其实就是两个自我最统一、最和谐的时候。"谈起舞台表演，辛柏青自是话语不绝，一副极过瘾的样子。

而这种过瘾，是他在电视剧表演里体会不到的。"电视剧表演要内敛，不要过于自我。它的遗憾在于，当你演得最带劲的时候，导演说'停'……那种失落感，仿佛你到达一个快乐的高潮，瞬间又被粗暴地打断了。"

他感叹："只有在舞台上，你才是一个真正的统治者和中心，你就是国王。"他笑，"而在电视剧里，你不会有这种感觉，导演才是。"

每个人的走红，都有他的道理和过人之处

"知名度有时不代表演技，而演技也不一定会带来知名度。不过，每个人的走红，都有他的道理和过人之处。"

从1993年进入中戏开始算起，辛柏青进入演戏这个行业已经15年了。

而对于自己角色的定位，他有着超乎我想象的清醒。"我不想拿它当梦想来做，甚至不想拿它当事业来做，它就是一个职业。"他补充道，"是我喜欢做的一个职业。"

"这个工作是我喜欢的工作,就已经OK了,如果当成梦想……"他兀自笑出来,"演员受的制约太大了,相对而言,演戏是一个更为被动的职业,受自身形象和气质的局限,无法诠释更多的角色,像我,长相偏文气,曹操便不会找我演。另一方面,客观环境的局限也大,导演、制片方、投资人……制约因素也特别多。如果要当成一个事业来做,难度委实大了些。"

"演员的终极梦想就是成为万众瞩目的焦点人物,成为巨星。"他笑,"这就是为什么不管是港台的演员还是大陆的演员会争先恐后往好莱坞跑:不但要让中国的观众认识我,也要让世界的观众认识我……"

而辛柏青,不希望把自己变得那么被动。

"我想掌握自己,掌握主动,不想让别人来左右我,所以我就决定把它当作工作来做。"

对于自己的选择,他如是解释:"一方面,我不会损失自己生活上的更多乐趣,我可以在享受生活的同时,做我自己愿意做的事情,你会觉得轻松多了。这是我的人生观吧。"他神态笃定,"我的价值观就是,不要做到最好……"闻此,我忍不住笑出来:"就是绝不追求极致是吗?或者保持中庸?"

"真的,"听到我的笑,他认真地说,"对,不追求极致,保持自己的心灵和谐,就可以了。这是一个人比较舒服的状态,你的工作和生活保持一个平衡的状态。

"问题在于,置身演艺圈和演艺行业,能做到宁静致远或者独善其身吗?"我抛出自己的问题。

"所以就看个人修为了,这就跟江湖一样,所谓的武林中人,有的打打杀杀,不停地争夺天下第一的位子,纷纷与别人PK;而有的人则是修身养性,秉持人不犯我,我不犯人的原则。这还是跟个人的价值取向有关。"

"这么多年来你有没有被诱惑过,或者主动去追寻一些什么东西?比如更大的名声或者更大的利益?"

问题抛出去,辛柏青半晌沉思。他坦言自己最初也曾经迷茫过,对于成名也曾抱着更大的念想，甚至有一个阶段曾经无戏可接。天天拿着简历跑剧组，见导演。"越着急，心态越失衡。"最狼狈的时候，半年接不到一部戏，开始怀疑自己到底是不是不适合做这一行。

好在他的幸运很快到了，遇到了何群导演。他慨叹自己的幸运："不像我有些同学，已经完全脱离这个行业了，不拍戏，圈子里的人他已经不认识了，他也没有了影响力，最后只有改行。"

花三五个月的时间拍一部戏，剩余的时间成了空当。他便闷在房间里打游戏，"精神很空虚"。

"后来我看明白了一些，最坏的打算便是回剧院，那是我的一个归宿。"这也是后来辛柏青不是特别焦急的一个原因。"那是我的一个底线，就是物质收入差一些，演话剧养活自己都困难。"

经历过一些纷扰，辛柏青说自己渐渐明白一点：很多东西是可遇而不可求的，也许这与个人的运势有关系。机缘到了，自然会水到渠成；机缘不成熟，再着急也于事无补。反倒是回归自己，独善其身，调整自己的心态。就算半年接一部戏，也已经比其他人幸运了。

"削尖了脑袋钻是没用的，你也没处可钻。而时机到了，逐渐被大家认可，慢慢就好起来了。"

"人首先要把自己看明白了，"辛柏青笑，"像我，初看不是那么打眼儿，没有一鸣惊人的外形。看明白自己了，也就把这事看明白了。"

而谈及对自己的期望，辛柏青再度开怀大笑："我是希望一部戏比一部戏好，有时拍戏的时候更多的是停留在经验的层面上，这是我对自己不满意的一点。突破惯性思维方式，就是一种进步。"

至于知名度，"知名度有时不代表演技，而演技也不一定会带来知名度。不过，每个人的走红，都有他的道理和过人之处"。

袁 莉
与其逆流而上，不如顺势而为

在喧嚣浮华的娱乐圈，袁莉的沉静几乎是一个奇迹：她的成名，足可以让原本对娱乐界失望透顶的人们轻轻舒一口气——不靠绯闻，不靠潜规则，不无事生非地炒作，一个女演员也可以完全凭借自己的作品走红。最重要的，在成名后，不为名利所累，还可以坚持自己的本色，尽管拿袁莉的话说，她自己也曾经觉得很累，并且，这条路有时未免走得辛苦。

远方有更本真的地方在等待着我们

袁莉博客的留言,并非仅是赞美。为什么不干脆把评论关掉?袁莉心直口快地回答:"为什么要关掉?我没那么小气!随便,爱捧就捧,爱骂就骂。我正好要看看'民意'。"

而对于性感美,袁莉也有她的一番解释:"梦露有一张全裸的照片,躺在天鹅绒上,我觉得很美。"而袁莉愿意拍摄尺度暴露的片子吗?她的回答干脆利索:"当然会!为什么不?"

她丝毫不讳言自己对美好事物的占有欲:"我曾经有很多的化妆用品,各种瓶瓶罐罐,各种刷子,尽管我很讨厌化妆,但是我觉得那些盛化妆品的瓶子、罐子非常漂亮。即使不用,看着也舒服。"

简单,大气,绝不矫揉造作,无病呻吟。袁莉,还是那个袁莉。

"我们一直生活在都市里,其实,远方有更本真的地方在等待着我们。"袁莉感叹说,"那个本真的地方,人人都可以到达,但是去的人却太少了。"

人生天地间,譬如远行客。

而袁莉刚刚协同好友廖佳完成了一次自驾游旅行,这样的自驾游,令袁莉感受到生命的另一种新鲜。

"廖佳穿越了美洲大陆,穿越了美国,穿越了欧亚大陆……我非常欣赏她的这种对待生命和生活的态度。"袁莉感叹说,"行走在大山和大水间,人的感觉会完全不一样。"从四川到云南,一路上,日夜兼程。湍急的澜沧江,洁白的雪山,如袁莉在博客里所说的那样:"生活在路上的人是最本真的,无论达官显贵还是草头百姓,在路上他们都是行者。人本是大自然的一部分,与石头和风一样没有区别。国学大师王国维评价纳兰性德,以自然之眼观物,以自然之舌言情,这应该就是人生的最高境界了吧!"

她甚至在暗夜里默念起纳兰性德的词句:山一程,水一程,身向榆关那畔行,夜深千帐灯……

对于袁莉来说,这次旅行,不啻是一次"接地气之旅"。看看她的那些感性的文字:"太阳和山风都恢复了它应有的野性,高原上的阳光炙烤得皮肤发痛。风也扑打着车窗发出啪啪的声响,一切来得是那么突兀而激动。心中仿佛有一头冲动的小鹿,随时要撞出来飞奔出去。茫茫戈壁,远处的雪山,自己、汽车、伙伴都成了风景中的一部分,而欣赏这一切的是飘在半空中的灵魂。"

"刀劈斧剁般的山路,隆隆作响的金沙江。大自然是一个老人更是一个巨人,它随时等待着迷失的孩子扑进自己的怀抱。走出车门的一刻,迎面而来的除了惊叹更有敬畏,突然不敢再像坐在车里那般放肆说笑,像个做错了事的孩子,静静地望着眼前的一切,恍惚间忘却了自己的存在。此刻,连语言也变得有些做作,就那样默默地。人与大自然的关系,分明就在每一次注目与每一次呼吸里。"

危险并非没有,但是,袁莉感受到的更是一份挑战和刺激。

"我有无数次想象过如果车子掉下去会是什么感觉,"她笑,"如果车子掉下去,我会抓住哪里。我真的一遍遍设想过危险的发生,危险来临,人反而不会再觉得害怕。"

猎猎作响的风,寂寥的群山,驶过的军用大卡车,泣血版的残阳夕照,无尽延伸的公路,一切都充满了空灵之气。

一路上,许巍的音乐伴随着她们。"没有什么能够阻挡,你对自由的向往,天马行空的生涯,你的心了无牵挂,穿过幽暗的岁月,也曾感到彷徨,当你低头的瞬间,才发觉脚下的路……"

言及此,袁莉忍不住中断叙述,对着镜子里妆容的自己叹气:"哦!这一点都不是自驾游的感觉,完全是在工作了。"

人们之所以不敢远行,大多数是拘泥于自己的想法,被自己的想法所困。而我们要解决的,永远是自己的思想问题。

"这个世界上还是好人多。"这是袁莉远行的另一收获。这句话不是自我安慰之语。轮胎坏了,有过路的旅行人帮她换轮胎,分文不收。"在路上,你也会愿意去帮助别人。只要你是真诚的,那么一切都会OK。"

自驾游开拓了袁莉新的旅程，这种享受，即便是飞机的头等舱，也无可比拟。

我可不要做什么中流砥柱

"我觉得做中流砥柱很累，我们经常说，不要随波逐流，而是要逆流而上，这其实是一句特别空的话。逆流而上你试试！你逆得上去吗？！我觉得人重要的是要会顺势而为。很多东西，你只是单纯地想象，让你冲，你还真冲不上去！看着那些石头，我就想，我可不要做什么中流砥柱。"

弱女子。

袁莉是一个弱女子吗？

在她最新的作品《母仪天下》里，袁莉扮演了一位皇后。"这个角色已经很强悍了，在表演上就不能再往强悍里走。"

而在生活里，袁莉称自己一半是强势，一半是柔弱。"有的时候，我的确觉得自己充满自信。但有的时候，又非常不自信。"

她援引日本电影《入殓师》里的一句台词："人最后的东西，是由别人决定的。"袁莉跟同她一起看电影的朋友说："我的一生都是由别人决定的。"

她笑："譬如今天的这个造型，我自己能做什么吗？衣服也不是我自己决定穿什么，接戏时也是我一半的意见，经纪公司一半的意见。一路过来，我觉得……那句台词有问题。并不是所有人最后的东西都是由别人决定的，人活着的一生许多东西都是由别人决定的。所以，有时我会很羡慕那些可以说自己决定自己人生的人。因为这句话对我来说，就像一个充满蛊惑力的口号一样。我无法决定自己。"

她由《入殓师》引申开来："我觉得里面的每一句台词都充满含义，我试图去探究那些藏在台词后面的句子的意义。一部好电影的导显艰涩，她承认自己虽然看不进去，但是书在那里，对自己似乎就是一个提醒。"我不想在茫茫人海中让自己淹没掉，即便是随波逐流吧，也要弄清楚自己。"

张静初
选择真我

　　张静初、赵涛、余男……无端地,人们会把这几个名字罗列在一起。这样的排列,无关"某导演御用女演员"的称号,而是她们身上都有一种时下女艺人普遍缺乏的东西:文艺,淡泊名利,沉静,些许内敛,明确知道自己的所需,不扎堆,通常保持低调,但一出手往往是惊人之作……在国外的电影节上,她们是受欢迎的常客。而她们的目标,不是单纯地成为当红明星,——当然,她们虽然已经够红,——而是做扎扎实实的演员,或者是表演艺术家。听起来,这些目标都不够时髦,不够潮流,但这的确是张静初内心的向往。

人真正难的是超越自己

"人真正难的是超越自己。所以我会经常提醒自己,不能松懈,一旦松懈下来,你就会变成一个很平庸的人。我更相信命运,人的努力很重要,但是究竟个人能做到如何的功成名就,是命运里注定的。我不认为自己可以掌握那么多。"

张静初坦言,是对电影的热爱令她一步步走到今天。一步步地走,是一个再通俗然而形象不过的说法,它包含了张静初初期奋斗的艰辛,她甚至依然记得初试顾长卫《孔雀》一角时忐忑不安的起伏心路——

"百经周折终于接到了《孔雀》的剧本。我的心里焦灼又激动,像被《孔雀》施了魔咒无法入睡,毫无疑问这是一个所有的演员都期待的经典角色……"

这是张静初自己在2003年写下的文字,真诚,袒露着所有渴望初出茅庐的小演员的战战兢兢和热切。

现在的张静初已今非昔比。知名度如日中天,是各大电影节最受欢迎的中国女演员之一,是诸多大品牌青睐的对象,拍摄的电影作品一部比一部引人注目。

"选择有意思的角色,"张静初说,这是她现在的标准。这个"有意思"包含了两层含义:一是她不曾演过的,二是演起来不是驾轻就熟,不是十分有把握的,有一定的挑战性。"尽量避免把演戏变成机械化的东西。"

她喜欢这个词:挑战。"拍戏时是我的精神状态最好的时候。"她沉吟思索,"我特别不喜欢麻木的感觉,就像自己不存在一样。而拍戏时剧烈的情绪和体验,有一种浓缩人的生命力的感觉,所以我反而觉得活得比较有精神。"

张静初感叹道,无论是《尖峰时刻3》《玉战士》抑或是最新的《红河》,她"演得都不算容易"。这个不容易中,包含了身体和精神的双重考验。譬如，《红河》里的最大挑战，是来自于对人物的寻找。"我一直在不停地摸索，这个摸索的过程就像在黑暗中行走，是一个痛苦的事情。会经常迷失方向，找不到人物的感觉，心里会着急，很焦躁，的确会有这种时候。"这个过程中她会经常否定自己：不对，不对。可是什么又是对的呢？还是在寻找，这样的状态，她形容是"非常可怕，寝食难安"。"可是，这也是创作有意思的地方，你真的不知道前面的路会是什么样，也不清楚结果会是什么样。这就像走路，如果你知道自己要去哪里，可能就不愿意去了。"

这种艺术的探索，固然是张静初的性格使然，又何尝不需要勇气。她笑："好在每一次都比较幸运，都找到人物了。很多的可能性是，如果你当初放弃了探索，放弃了坚持，那么你真的会跟这个人物失之交臂，无法到达它。这是令我想起来会觉得后怕的。有很多可能性通向无数个岔路口，一停下来，或者剑走偏锋，那么就会是另一个结果了。"

而做演员的最大满足感，张静初说，就是看到银幕上自己扮演的角色时，已经忘记了那是自己。"那是一个有着自己独立生命的人，有属于她自己的悲欢离合，有她自己已经被规定好的命运。她们从我的身体和灵魂里剥离出来，会回归到自己……"就如她在演完成名作《孔雀》后所说的那样："姐姐借我的身体转世轮回，在银幕上完成了凤凰涅槃。而当我坐在影院里再见'姐姐'时，总有种如梦如幻的感觉，恍若见到了前世的自己，心有灵犀，却无法相认……"

不做花瓶，而甘愿做电影的探索者。"如果一个角色不够劲儿，我可能的确没有兴趣去演。这个不是巧合，而是性格决定的。你自己的喜好，你自己的审美，决定了你要走一条什么样的路。"不是庆幸，而是必然。"性格决定命运，我觉得是有道理的。"

"我很少往回想，基本上人物演完，就都结束了。演戏的时候，是你邀请一个人进入你的生命，一同展开一段旅程，这段旅程结束了，她也要离开。但是如果说她的离开，完全没有留下痕迹，也不全然对。"演完《花腰新娘》，张静初自己的性格开始变得开朗。演完《红河》，则令她检视自己的生活：我们在成人之后，怎么会丢掉这么多东西？

"我对自己会有一定的规划,但不会太去在乎那些对于演艺圈一线、二线艺人地位的划分。位置这个东西,还是顺其自然。"置身五光十色的演艺圈,难得如张静初一般清醒。"人都会希望自己成功,对我来说,我也承认保持一定的知名度也是必需的。坦白地说,只有这样,你才会有更多的选择权,好的影片也才会接踵而来。"她轻轻咳嗽几声,"演员这个职业还是比较被动的。"

是否要成为章子怡?或者巩俐?或者……张静初摇头:"我很少跟别人比,我都是在跟自己比。人真正难的是超越自己。所以我会经常提醒自己,不能松懈,一旦松懈下来,你就会变成一个很平庸的人。但我的确没有想要成为谁,或者像谁那样。我更相信人的努力,这很重要,但是究竟个人能做到如何的功成名就,有时会是命运里注定的。我不认为自己可以掌握那么多。"言及此,她不由轻轻叹了一口气。

爱情是自私的,而在爱里面,一定会有一个人比另一个人更执着

"爱情是自私的,而在爱里面,一定会有一个人比另一个人更执着。终究有一个人会受到伤害。而受到伤害的,永远都是那个对爱情执着的人。相信有完美的爱情,但不会觉得自己会拥有,我没有这么乐观。我可以寻找,可以等待,但不知道会不会来……"

谈到爱情,张静初陷入长时间的沉默。

于是调转话题,转到《红河》的感情上来。"里面是苦情戏,但还是透着温馨和幽默感。"

"对爱情的看法……"她喃喃自语,"我对爱情……没什么看法……"她笑,似乎在掩饰什么。然后又是大段的沉默,与谈论电影的热情,大相径庭。

"《红河》里的男女主人公,就像契诃夫小说里的某些人物,他们自认为是高贵的,却又不得不在现实里面低头……其实是一种蛮屈辱的生活。"她重复,"内心的屈辱和境遇的屈辱,一直在伴随着他们。"

她缓缓说:"其实我一直不知道什么是真正的爱情。爱情也许没有那么简单,它里面包含了太多连你都说不清、道不明的情愫。爱情的产生要靠境遇吧,任何两个人都有可能恋爱,那要看是什么样的情境。"

"情感是人类的基本需要,彼此温暖,或者彼此伤害,有时伤害也是一种需要。"

她承认自己会为类似《赎罪》这样的影片哭得一塌糊涂,——为其中的男女主人公的爱情遭遇。

"相比爱情,我其实一直比较相信亲情。我其实挺难相信两个人会一直相濡以沫,天长地久。"她摇头,"我心里的爱情典范,应该是钱钟书和杨绛,或者是台湾的赖声川导演和他的太太,这些在我的眼里是完美的爱情。怎么说呢?他们是非常完美的生活伴侣,他们找到了彼此。"

她端视化妆镜中的自己:"这种爱情会存在,但是概率比较低。而大部分的爱情,伤害和毁灭的成分占了百分之八十。从一个角度讲,爱情是自私的,而在爱里面,一定会有一个人比另一个人更执着。终究有一个人会受到伤害。而受到伤害的,永远都是那个对爱情执着的人。"

仿佛经过了漫长的思考,她终于有勇气讲出酝酿已久的话语:"相信有完美的爱情,但不会觉得自己会拥有,我没有这么乐观。我可以寻找,可以等待,但不知道会不会来……"

"可以担当起爱情里的伤害吗?""需要时间的消化吧!不能承受又怎么办?没有别的办法,我经常会有这种感觉,会觉得前面有些坎儿迈不过去,但其实生活在继续前进,不管你遇到什么……只要你还活着,生活永远在继续。"

她的语气有些释然:"所以想一想,就算在爱情里受到伤害,也没什么过不去的。"

张静初把爱情比作是"上天恩赐的礼物",但并非每个人都足够幸运,能拥有这份礼物。"我的习惯是,不去琢磨,不去期待,那是不能把握的事情。如果没有适合的伴侣,我宁愿过自己一个人的生活。"

《花腰新娘》里的爱情简单质朴，是她向往的。而甚至《芳香之旅》，都掺杂了因时代环境而产生的苦涩。"那种爱情，从某种意义上说，是找一根救命稻草。"《红河》里的爱情，更多地掺杂了亲情的成分，张家辉是父亲、丈夫与情人的三位一体。

"死亡比生存来得更为真实和直接。"张静初曾如是写道。这种感叹，源于父亲的生病和离开。"生是理所当然，这是我们一贯的看法。但实际上，生命中最重要的一个部分是死亡。而死亡是我们唯一可确定的事情。"她闭上眼睛，由造型师为她小心翼翼地粘上浓密的睫毛。"你甚至不会确定你会不会结婚，也不会确定你会不会有小孩子，可是你可以确定，你一定会有死亡的那一天。""爸爸最大的感慨就是人生苦短，一不小心就来到了人生尽头。他对苦字体会更加深刻，他曾对家人说过：人生太苦了，没想到连通向死亡的路都这么难走。"这是张静初曾经写下的文字。

她引用米哈伊尔的话作注解："当我回头观望时，觉得自己仿佛走在一片巨大的墓地中，除了坟墓和十字架我一无所见。迟早会在某处树立起一座新的坟墓，给它装饰上什么样的纪念碑，普通的十字架抑或大理石的庞然大物，全都无所谓——这便是我留下的一切。归根结底，这无关紧要：不朽是种无聊的玩意儿，生命也鲜有乐趣。糟糕的是，死亡非常可怖，似乎你为此也打不定主意是否主动让自己去见鬼：你还要活很久，要在这个被称为生的墓地上久久行走，而两侧，新的十字架在无休止地生长。它们始终在微微闪耀。所有珍贵的，所有迷人的，都留在了身后，内心成长的一切都在剥落，如同秋天的树叶，而你将孑然一身徜徉到最后。"

洞悉了生命的宏大命题，张静初说生活的负担会感觉减轻很多。不会再为那些因为对自己角色的评判、八卦和流言蜚语而心动。"那些不重要了，你可以看清生命的重点，而不会像是一团乱麻，容易梳理很多。"

张静初坦言自己的朋友很少，只有三四个而已。"朋友的数量不能多，因为朋友是需要花时间去维系的，交流，沟通，你不可能有那么多的时间去结交那么多的朋友。而有几个你真正珍惜的朋友,就足够了。"真正的朋友,在于交心。而萍水相逢的朋友,关键时也会伸手援助,但这并非是张静初理想的朋友的样子。

她大笑:"我特别能聊得来的朋友,都是异性朋友,他们在演艺圈之外,从事各自不同的工作,同他们交流,往往会令我受益极大。""我本身不太喜欢那种按摩、SPA之类,也会去逛街和修指甲,但不是那么感兴趣,所以相比于通常的女孩子,我不太会跟她们一起去做这些事情。聊聊书,看看电影,喝喝茶,爬爬山,倒更合乎我的天性。我没有那么多过分细密的心思。"

拿生命去冒险是毫无意义的

"拍戏就是有这样的好处,你会去很多地方,但是你会来这里居住,度过你生命中的几个月,然后,可能一辈子再也不会来到这里。旅行让你发现,世界上什么都是有可能的。我总觉得拿生命去冒这种险是毫无意义的事情。"

热爱旅行的张静初对《红河》拍摄地河口赞不绝口。那是中越边境的一个偏远小镇。芒果树、菠萝蜜树、香蕉树……热带植物生得蓊蓊郁郁,枝繁叶茂,散发着勃勃生机。小镇生活节奏缓慢,边境那边的越南人在当地开洗头房、卖水果……"拍戏就是有这样的好处,你会去很多地方,但是你会来这里居住,度过你生命中的几个月,然后,可能一辈子再也不会来到这里。"

纽约、巴黎、澳大利亚……不拍戏的张静初,似乎行走在路上。

她感叹于纽约的生命力和创造力。步行街的两侧,路边的游人在店里选乐器;再走两步,会突然出现一座博物馆,或者是一家剧院。这是一座可以漫步行走的城市。同样的城市,还有意大利的罗马和巴黎。在巴黎,她最喜欢漫无目的地游走,无目的的游走中,发现这座城市的独有美感。灰色或彩色的建筑物,层层叠叠的窗台。窗台上摆满了花,星星点点。屋顶和天空都是灰色的,连在一起。在街道的某个拐角处,会发现兴之所至的涂鸦艺术。坐在小咖啡馆里,可以点一杯卡布其诺,然后坐在阳光下看来来往往的行人。

看看她是如何描绘在纽约的一次行走的。"穿过几条大街,在繁华闪烁的灯火间寻找着剧院的坐标。一些熟悉的音乐剧片断不停地在我的心头奏响,像是来自幽灵的呼唤,我不由自主地跟着哼唱起来,脚步随着荡漾的心神时快时慢,险些撞上迎面而来的一对情侣,我尴尬地连声道歉,看到了他们脸上善意理解的微笑。

"不远处已经可以看到《悲惨世界》的海报了。记得在中戏上学时看过一些片断,印象中布景和演员着装都是比较写实的,记得气势和音乐都很棒。可是我最好奇的还是想看看他们怎样把这样一部巨著浓缩到两个半小时的篇幅里的,因为名著改编成功的例子实在是太少了。"

比之于一般的艺人,张静初的文字功底的确很深厚。

于她,旅行的意义在于是让心灵获得自由的一个方式,等同于听音乐和阅读。"旅行让你发现,世界上什么都是有可能的。去海边看鱼,我忍不住会想,噢,那些鱼怎么会长成那样!旅行最大程度上展开了我的想象力。"

一年之前,张静初开始修习瑜伽。尽管是断断续续,她还是自觉受益匪浅。"心里安静了不少。"而对于那些刺激的运动,比如蹦极之类,她赶紧摇头:"我总觉得拿生命去冒这种险是毫无意义的事情。"

张曼玉
美丽新生

  多年来，张曼玉深得观众艳羡，主要是她对待生活和工作的态度有点像她的声线：低调而又韵致无穷。真正要找寻最得体的形容，也许是从容。她在任何时候都有想法，有意念。尽情尽兴地演戏，轰轰烈烈地恋爱，一个人疗伤旅行。从未刻意张扬，但也从不曾有过低调。

  "我甘心人们的关注和赞赏，但我不注重这个，我做自己好了……不用太在意是怎么给人看，这样的话，会不自然，所以不像这样子……"

  然而，无论如何，于我们，她的生活也是一场精彩的戏。而现在，她与OLAY REGENERIST新生系列有个美丽约会。

我珍惜东西的方式可能与别人不一样

"我珍惜东西的方式可能与别人不一样。我对品牌没有特别的嗜好，也不是非常在意价钱。最重要的还是东西本身，即便是一个很便宜的手袋，但如果我喜欢，那就是in，任何名牌手袋也是一样。"

我们渴望回味她的角色，这是任何时候都不可以被忽略与遗忘的。

《阮玲玉》中，她的曼妙身姿与30年代的衣香鬓影相重叠，从此便是复古风中的翘楚；《滚滚红尘》里，她一派轻狂娇痴，开启了快乐新美人的先河；《花样年华》里，令人炫目的旗袍令这位金马影后时而忧郁，时而雍容，时而悲伤，时而大度。幽暗的灯光下，当张曼玉不断变换着旗袍的颜色和款式时，人们仿佛看到一个东方美人的古典气质。

生活中的张曼玉，却从不沉溺于名牌。买完新衣服的第一个习惯，便是剪掉其上的标签。"我有一个很奇怪的习惯，我会把衣服的label全部剪掉。我不想知道自己穿的是什么品牌，不想知道那是Balenciaga还是Esprit。因为对我来说，这些衣服都应该是张曼玉的，是我的一部分。"

什么是"时尚"和"风格"？她的回答是："你要对穿在身上的衣服有感觉，而不要只买名牌。被所谓的名牌左右，那是很可悲的事情。是你在穿衣服，不是衣服在穿你。"她表示："风格最终关乎性格。人，才是最主要的。"

风格独具的张曼玉也有自己的风尚偶像：凯特·摩丝。"Kate Moss几乎是所有人的style icon，她有自己的风格，用的每一样东西都属于她自己，而不理会潮流与否。我十分欣赏这一点。"这无疑与张曼玉自己很像，她说："我珍惜东西的方式可能与别人不一样。我对品牌没有特别的嗜好，也不是非常在意价钱。最重要的还是东西本身，即便是一个很便宜的手袋，但如果我喜欢，那就是in，任何名牌手袋也是一样。"

"气质最重要，"她坦言，"中国女孩子最好看的装扮就是朴素。淡淡的衣服，淡淡的装扮，比浓妆和穿很多色彩艳丽的衣服要好看。不太打扮反而是最可爱的，我年轻的时候也喜欢化大浓妆，只是到了现在这个年龄，觉得自然最美。"

保持美丽的秘密当然远远不止与妆容有关。"（美丽）当然和心有关系，有时候我也觉得自己在慢慢变老。不过每个人都有这样的过程。于是我告诉自己不要想那么多。做想做的事情，如果和我谈梦想，我会立刻靓起来。这是假装不了的。"

而她从小的梦想，当然就是做与艺术有关的东西。"那时候并没有想好是要做演员、音乐还是跳舞；忽然之间有机会去演戏，当演员有两种，要么只是做明星，要么当作艺术。拍戏虽然带给我名气和金钱，这些不一定是我想找的，电影要做成艺术不能乱拍，所以我就坚持到现在。"

张曼玉最近并没有新作品问世，热爱艺术的她却对此显得并不着急："我不希望别人觉得我自大，亦不是有意要显得自大，但是我一生中已经拍过很多不同的电影。如果没有真正合我心意的电影，我实在想不到为何要在名单中再多加一部。现在，我希望拥有更多自己的时间。"

当然，如果能和David Lynch、Martin Scorsese或者其他令张曼玉心仪的导演合作，那则另当别论。"我可以认识更多的人，了解他们的工作状况。能够看到其他艺术家、艺人工作的样子，对我来说是一件很好的事。"而现在的张曼玉？她轻轻将美丽的秀发往肩后一扬，"我正在努力找寻其他方面的工作，不想自己的一生就是演员。我曾问过我自己，若我不是演员，我会做什么？我很想找到答案。"

寻找答案的旅程，抑或短暂，抑或长久。

想爱的人就去爱，但遇不到不会勉强

"我不觉得自己感情一片空白，我经历过这么多段感情，每次都享受到尽，怎能说感情空白？当我遇到另一个让我心动的人，之前那个我会忘记得一干二净。想爱的人就去爱，但遇不到不会勉强，有得拍拖一定就好过没有，一切随缘。"

"刹那间谈话止住，目光聚集在这位年轻女子身上。她昂首前行，微微笑着，赏心悦目。熟悉的面孔，熟悉的步伐，令人折服。"《法国电影手册》如此形容张曼玉的出场。

无独有偶，西方媒体对另一位华人女影星巩俐的出场报道也采用如是笔法。她们都曾在国际电影节上频频获奖，都曾担任过国际电影节的评委甚至主席。西方人愿意以她们的出场指代东方或者中国美丽女性的出场。但我们却不曾将她们混淆过。张曼玉是一位影星，更是潇洒活跃的都市女郎，——香港、伦敦、巴黎，她天生就属于城市。她的身上有着太多都市元素，街道、时装、建筑、咖啡馆、气氛、蓬皮杜、泰晤士河……张曼玉总是来去匆匆。一切都在飞速变换。而巩俐则不同，仿佛居于深宅大院，神秘、冷傲、自闭、高不可攀。即便微笑，也令人难以捉摸。

"你是否希望半个世纪后人们还记得你？"凭《阮玲玉》一角斩获柏林电影节影后桂冠，张曼玉曾被如是问道。她耸耸肩："我觉得半个世纪后有没有人记得我并不重要。但是如果有人真的记得我，却是跟阮玲玉不同的。"

在张曼玉的心里，她的存在完全是个人化的，并不从属于任何人，即便是一代名伶阮玲玉。她的周身散发着浓烈的个人主义色彩，独立、知性，寻求自我价值和认同。她生活中的每一个角色都是自我选择的结果：伦敦某书店的收银员，香港某百货公司的营业员兼模特儿，然后是港姐亚军和世界级的影坛天后，她一直在主动塑造自己。与巩俐相比，她给人以动态的美感。她一直在生活着，如同河水，奔流向前。能量无穷涌动。

而巩俐则有勇气消解自己。把自己变成被动的客体——导演、制片人，乃至某个社会形象。她的魅力始终是在失去自我的瞬间：微张的嘴唇，浅浅的呼吸，迷醉的双眼……高粱地、大染坊、诡谲的迈阿密,她永远是视觉的中心。她被注视,离开了目光,她将空无一物。与张曼玉不同,她最"美"的时候,便是最空的时候。

也唯此,我们看到张曼玉的人生故事都在大众媒体的曝光下而显得缤纷多彩。巴黎恋爱,与前男友的数度分分合合,更成为大众关注焦点。

所谓红颜薄命,只是外界的揣测罢了。——无论是旧日恋情的宣告结束,还是高调宣布崭新恋情的开始,我们看到的当事人却从来都是容光焕发,神采飞扬。尔冬升,宋学琪,珠宝商Guillaume,法国新锐导演奥利维叶·阿萨亚,新任德国籍男友Ole scheeren。后者颇是大有来头——荷兰著名建筑公司OMA大都会建筑事务所。

敢爱敢恨,坦坦荡荡,张曼玉堪称是性情女子。讲自己"我不觉得自己感情一片空白,我经历过这么多段感情,每次都享受到尽,怎能说感情空白?虽然说我离了婚,但不觉得婚姻失败,因为我开心了四年,和前夫的快乐回忆比不开心多。"这是当张曼玉和法藉丈夫奥利维叶·阿萨亚宣告婚姻结束后接受媒体访问时说的话。寻常女子,只道离婚是一场灾难。所有的恩爱甜蜜,瞬间化为乌有。只有张曼玉能有这样的硬朗爽性。爱了,散了,聚了,散了。只是同路一场。"当我遇到另一个让我心动的人,之前那个我会忘记得一干二净。想爱的人就去爱,但遇不到不会勉强,有得拍拖一定就好过没有,一切随缘。"她的微笑依然甜美,只是多了几分成熟。话语听起来有些寡情,却更显她的率真性情:爱时轰轰烈烈,无所畏惧;别时坦坦荡荡,心中磊落。人生真是由一段一段的经历构成的。而每一段经历,也许又是一段轮回。在滚滚红尘的跌宕起伏里,她让自己的生命尽可能地拥有更多华彩。

"爱情最重要的是对得起大家,毕竟大家深爱过、尽过力。我现在单身,期待将来会有很好的爱情在我的身上发生。"与法籍男友Guillaume分手后,她也曾如是发表单身宣言。

然而洒脱的她,也曾略略伤感说到自己有一部开了13年的车子,之所以没有换掉,是因为这部车陪伴她度过许多痛苦的日子。她更盛赞这部车"感觉更像一个沉稳而有安全感的男人",更意味深长地说:"与车一样,希望感情长久,不要常换!"

至于选择男友的条件,张曼玉轻笑:"才华我想不是第一个条件,但是不管什么情况,首先我需要欣赏他。"

换种姿态善待生活、善待自己,也换种角度关爱他人

"换种姿态善待生活、善待自己,也换种角度关爱他人,奉献社会,我想,这也是一种'新生'吧!面对未知的前路,我始终觉得,内心深处对生活充满热爱和赞美的人,是最幸福的,也是最美丽的。"

无人否认,张曼玉是时光雕刻的宠儿,钻石般璀璨的女人。她光华润泽的肌肤,更如美钻般闪烁灼目光华。举手投足,一笑一颦,由内而外散发的卓然气质,更令张曼玉自信满满。

在OLAY Regenerist新生系列广告拍摄现场,闪亮的镁光灯下,张曼玉倾情演绎新时代完美女性,再次带来突破性的惊艳。碳金黑,些许跳跃的浓烈的红,拍摄背景色调张扬而时尚。而她多重呵护的肌肤,更宛如其精彩人生,惊喜不断。当追求时尚典雅的张曼玉代言OLAY Regenerist新生系列,无疑是最体贴动人的典藏。

如同珍珠蚌必须经历苦痛方能孕育珍珠一般,张曼玉经受了所有强者都要经受的种种考验与磨砺。70部电影,她的知名度从香港到全世界,辉煌头衔无数。人们看到她,感怀她,恩宠她。但,她并非仅仅是一位明星。优雅高贵,自信独立,凭借不断的创造力演绎着新生。张曼玉回忆起自己3年前初次接触OLAY Regenerist新生系列,即一见倾心,被其由内而外的细胞护理概念深深打动。而3年来,张曼玉更与OLAY一路同行,互相信任,更见证彼此的成长。而此番,不断寻求改变的张曼玉与OLAY再次成功演绎彼此的超越。

美并非如许多人所想象的那般飘忽与浮光掠影,相反,它会贯穿女性的一生。而在不同阶段的女人,则呈现出不同质地的美感。时代前行，美更被赋予了更多的期望。延续女性美好内涵，增添闪亮时尚感觉，这既是对成熟人生的完善演绎，更是对时尚精髓的把握。而OLAY新生系列的全新升级正是要把这份不断完美的企盼分享给不断成长的中国女性。张曼玉全新展现的完美魅力气质，与Regeneris时尚高端的特质相契合，全新呈现"简约不简单，高贵而亲切，时尚但有内涵"的完美新女性形象。

连续两天的紧凑拍摄显然没有影响张曼玉的好心情。她依旧保持一贯的愉悦和开心。镜头前的张曼玉，双眸明亮，顾盼生姿。表演火候更是老辣成熟，眼神、动作、细微表情，无不恰到好处、生动完美。拍摄中，她会和导演、摄影师反复探讨走位、角度、表情和对白效果，不时提出自己富于建设性的想法。加之此前已有过愉快的合作，大家在现场很快达成默契。导演表示，许多镜头都是一次即可通过，尤其是压轴镜头和台词："年轻，就这么简单！"更是完全发自张曼玉内心，语句简单，却饱含她对新生的理解和对人生的看法。

的确，炉火纯青的演技和发人深省的内涵，方是岁月沉淀的美好。内外兼修的执着，是百分之一百的重要。"也许完美并不存在于这个世界，但渴望完美是我内心不变的态度。"而张曼玉正是一个不折不扣的主动完美主义者。

"什么是新生？"她凝神认真思索，"新生不是一个华而不实的名词，而是一种体验，一种人生态度和选择。而超越新生，更讲求回报和奉献社会。"

所以尽管总是日程忙碌，她却总会挤出更多时间投身社会公益事业。"这份热爱是骨子里天生的。"她的星座和属相，按照星象书的解释，都有乐于助人的特质：处女座是乐于助人的，而属龙的人，也是乐于助人的。所以，张曼玉等于拥有了双倍助人的特点，如同双重新生。她不但自己身体力行，更以自己的号召力和影响力，唤起身边朋友和公众对社会公益事业和慈善的关注。"换种姿态善待生活、善待自己，也换种角度关爱他人，奉献社会，我想，这也是一种'新生'吧！面对未知的前路，我始终觉得，内心深处对生活充满热爱和赞美的人，是最幸福的，也是最美丽的。"

最近，张曼玉与杨澜、张亚东等人一起，出现在由联合国儿童基金会发起、中国科学技术协会负责实施的"童梦圆"公益活动走进云南的爱心之旅中。而她更创建了旨在帮助年轻女孩子创造机会做有关艺术工作的"女性创新与梦想基金"。"我希望能多做一些慈善方面的事情，"她说，"亲自参与、安排，当然会有些困难，但是我情愿去做这样的事情，少拍一些可有可无的电影。"

她更表示，做慈善于她"不是赶潮流，好几年前就有这个想法。"她优雅微笑，"就算被人说赶潮流也没什么，对我来说，我希望可以更长久地做下去。"

张卫健
活得清醒

20世纪80年代初迄今,张卫健几乎成为香港乃至海峡两岸娱乐圈的经典范例。

没有人比他享受过更多的荣耀,也没有人比他承受的痛苦更多。

高潮。低谷。跌宕。起伏。上一步跌倒,下一步他马上站起。

宝刀不曾收起,一直锋芒毕露着。只是观者自己,偶尔会被那炫目光华灼伤了眼睛。

称颂或者顶礼膜拜,甚或是流言蜚语,对他从无杀伤力。

一个活得清醒的人,始终明确自己的位置。

冗长的拍摄完毕，想来外面的天空早已染上一层薄薄的昏黄暮色。而兰会所依旧弥漫着奢华迷离的氛围，数盏红色宫灯掌起，氤氲着四周巴洛克风格的壁画和吊顶，俨然营造出山中无甲子、岁月不知年的所在。张卫健终于得以在一把锦缎的椅子上坐下来休息。他靠在宽大的椅背上，燃一根烟，轻呼一口气，似是再惬意不过的放松。半晌不语，只静默坐着，仿佛在积聚某种能量。女伶自顾沙哑地絮絮而唱，这若隐若现的歌声，成为他静默的背景。

光头，圆圆的脑袋。正是我们所熟悉的《机灵小不懂》中一休和尚的扮相。甚至他的脸，也是圆圆的，见惯了太多艺人的清容俊貌与瘦削，令人初看略有不适。眼神只觉无端机警，再度回眸，那机警已经幻化成了一份坦然和真诚。谈起曾经的种种过往，语调皆是淡然。委实，经历了娱乐江湖的沧桑历练与红尘翻滚，他的性情早已有了惯看秋月春风的淡定气度。高处不胜寒的凄惶，辛苦打拼时的落寞，一切的一切，都是过眼云烟。

伤痛不会令他止步，反而刺激他阔步向前

"其实有另外一个张卫健隐藏在镁光灯下的张卫健体内。后者是娱乐达人，超级巨星，极具无厘头的搞笑天赋，言辞诙谐浑不吝，所演角色也是精灵古怪，插科打诨，毫无正经。而另外一个张卫健却是清醒而缜密，甚至会匠心独运地规划自己的未来。他是凡人，也会受到伤害，只是伤痛不会令他止步，反而刺激他阔步向前。"

距离此番接拍徐小明的电影新作《夺标》，张卫健阔别银幕已经五载。上一个角色，是吴君如的《金鸡》。正是这部作品，成就了吴君如，第四十届台湾电影金马奖，她凭借此片，荣膺金马奖最佳女主角。而张卫健偕同梁家辉、陈奕迅、杜汶泽和黄秋生，甘当吴君如背后的绿叶。

五年的留白，是否足够漫长到被世人遗忘？张卫健却不以为然：

"我没有把它（拍电影）放在心上，一直没有。"从1997年拍摄《少年英雄方世玉》开始，他即决定把自己的发展重心放在整个东南亚的电视剧市场。自古英雄出少年，而彼时的张卫健亦是雄心勃勃。而最根本的缘由尚在于那时他与TVB的续约没有谈妥，令他感受到世间人情薄凉。他轻微叹息。这不觉已是十年前的事情。不过这也令他由此而警醒，他对自己最初的期待，无非是"在香港认真演戏，走红，然后巩固住自己的地位。但是我最终认识到自己永远不能只靠着TVB活下去"。

拍完《齐天大圣孙悟空》，张卫健在整个东南亚已是炙手可热。于是有香港制作人找上门来请他拍新戏，张卫健开出了自认为合理的片酬，对方却不以为然，甚至扬言："没错，你现在是很火，因为你演的孙悟空很火。可是我跟你说，你没有毛，是不值钱的！除非你粘上毛，这个价钱我给你。"这令张卫健反思自己："如果要成为更有影响力的艺人，整个东南亚还都不够。"他把自己的市场目标进一步扩大："全世界有华人的地方，都要有我的戏在播。"

彼时的香港，一部分艺人或导演也已纷纷改枪换炮，投奔好莱坞。周润发、成龙、吴宇森……甚至刘德华和梁朝伟都意欲试探。别人问张卫健的意向，他回答得极为清醒："全世界最多的人是中国人，我连有中国人的市场都不曾全然占有，还去搞什么老外的市场！"

时至今日，他一直在坚定自己最初的想法，矢志不移。"我做到了。"如果满分是10分，张卫健愿意给自己目标的实现打上8分。他清楚地记得，有一次去泰国游玩，在路边买榴莲和火龙果时，注意到邻近的商店里在播放《少年张三丰》。又过数日，当他在路上行走，便发现周围的泰国人对他微笑示意，不时窃窃私语，更有人围着他叫："魔空魔空！"后来才知道，他们在喊"悟空悟空"，而及至再去到泰国，当泰国人多喊他"梅小宝"时，他知道他们是在喊"韦小宝"。种种迹象，令张卫健欣喜："这里的市场已经打开了。"而南非、澳洲、加拿大、英国等国因华人较多，更是手到擒来。

与一般艺人不同，张卫健对于自己的规划有着极清醒的认识。他对于艺人把自己全然交给经纪公司打理的做法不置可否，坦荡而语：

"我不曾见过哪一家经纪公司是全然为艺人着想的，都会把艺人当成摇钱树来看待，缺少长期的规划。"张卫健说，自己接下来的工作重心是拍电影。他笑，如果仅就赚钱而言，拍电视剧是赚钱最快的。而拍电视剧的苦恼对他而言在于剧本："把一个精彩的故事写成90分钟或者120分钟的电影剧本，会相当好看。"他拖长了声调，并且把重音落在"相当"两字上。"可是如果我把它拉长，拉到30集，非常痛苦……"说到此处，他忍不住轻微皱起了眉头。

所拍的片子，剧本也多由张卫健自己执笔写就，他的才华由此可更见一斑。无可想象，在香港奢靡之都长大的他甚至对内地著名作家余华的小说《兄弟》情有独钟。"我对那本书非常有感觉，我也跟余华兄碰过很多次面，他说张卫健，你来演小说里面的主人公李光头再适合不过了。"谈及此处，他不禁因悠然自得而莞尔。

犹记得张卫健事业辉煌时，曾被香港传媒冠以"周星驰接班人"之封号。"私下里没有幽默感的人，不可能去拍喜剧。"而张卫健也坦言，平时跟女友或者家人在一起时，自己讲话是较少的。平时出去玩儿，大家一起坐车，他也宁愿坐在车头的位置，听别人讲话，看路边的风景。"不了解我的人，会觉得我私下里会很闷，但是我一点都不闷啊，只是没有表现出来而已。"他大笑，"我认识的很多喜剧演员，平时也都是这样。不会像在镜头前有强烈的表现能力。"

他笑自己曾经向周星驰"诉苦"，羡慕梁朝伟或者谢霆锋那样的帅哥。"观众喜欢的，就是他们的酷和帅，比如梁朝伟忧郁的眼神。而对我来说，拍戏最痛苦的不是通宵达旦不能睡觉，而是剧本的创作，怎么样可以更好玩一点，到了拍摄现场我依旧会想这句对白我用哪种方式说出来会更具喜剧效果，甚至洗澡、刷牙、上厕所也会苦思冥想……这个过程对我来说是很痛苦的，我也很不愿意这样子。"

采访至此，我陡然发现，原来其实有另外一个张卫健隐藏在镁光灯下的张卫健体内。后者是娱乐达人，超级巨星，极具无厘头的搞笑天赋，言辞诙谐浑不吝，所演角色亦是精灵古怪，插科打诨，毫无正经。而另外一个张卫健却是清醒而缜密，甚至会匠心独运地规划自己的未来。他是凡人，也会受到伤害，只是伤痛不会令他止步，反而刺激他阔步向前。心胸坦荡荡，而思想也愈加深沉。摄像机可以拍摄出他挥洒自如的潇洒外形，却无法捕捉到他内在的灵魂和真实的情感核心。两个张卫健，如此完好地结合在一起，并非茕茕孑立，而是如影随形。"亏我思娇的情绪好比度日如年……虽然我不是玉树临风、潇洒倜傥，但我有广阔的胸襟和强劲的臂弯……"如果你只一味迷醉于他的过往台词，那么你只读懂了一半的张卫健。

不放弃自己

"跑得不快时，没有人会对你报以嘘声，或者攻击你，因为别人对你无所期待。但是当你跑得很快，而自己又想停下来休息时，旁边的人会催着你往前跑。但是问题在于，你不可能保持每一部作品都红啊！我曾经创造过那么多代表作出来，表明我是有能力的，只要我不放弃自己，一定会有第六、第七、第八部代表作品出来。"

张卫健相信"努力"的力量，更坦言，其实目标实现的过程，可谓很难。"真的是一步一步在走。"一步一步，听起来何其微不足道，但于当局者，每向前迈出一步，都是一次心灵的挣扎，但也意味着一种解放。

冲出香港的第一步，他去了台湾。另一种说法是，张卫健的声势在香港已经开始下滑：频繁的曝光，无厘头的搞笑，令香港的观众不再捧场。据传最窘迫的境况中，他甚至卖掉了当红时买下的大房子。在台湾，他签了一家知名度甚微的唱片公司。实际上，彼时的张卫健在香港早已经家喻户晓，声誉鹊起，以致根本不敢在铜锣湾、尖沙咀这一类繁华地段公然露面。可是当他走在台北熙熙攘攘的忠孝东路上，居然没有一个人认识他。他感到了巨大的失落。望着汹涌的人潮，他甚至怀疑自己是不是目标设置得太高了：要冲出香港，要全世界的华人喜欢自己。天下谁人不识君？要走的路，比他最初想象的更漫长。

"那个时候，我告诉自己，别太把自己当成一回事。"他伸出手掌，往下放，"把自己降降降……一直降到最低的位置。我先自己不把自己当成大腕儿，回归到一个新人的姿态。"

不跟唱片公司较劲儿，乐意接受分派的任何工作，因为是nothing，有机会表现自己即是很好。他开玩笑："唱片公司也够狠，完完全全把我当成新人。"

从台北去日月潭做一个演出，五六个小时的车程。张卫健连同造型师、经纪人等六人挤在一部空间狭窄逼仄的车子里。到达目的地，演出单位只肯提供他们一个小房间予以休息。演出完毕，已是半夜。没有酒店提供，于是吃完夜宵后，一行人又颠簸着原路返回。"我半点怨言都没有，因为我知道，这是我必须付出的。"

刚到台湾，张卫健一句普通话都不会讲。上综艺节目，他只会讲一句："大家好！我叫张卫健，我从香港来。"就这一句话，他也是讲得一塌糊涂，别人听得一头雾水。有时难免会被主持人"欺负"，讲一两句奚落或者嘲弄的话。"我听不懂，但是可以听出来。"

而支撑他前行的，是他的信心："我有种强烈的直觉，只要出一张唱片，我一定会红。"果不其然，第一张国语唱片在台湾一出来，他的知名度便"砰"地爆炸开来。接连发行的第二、第三张唱片，更卖出了75万张的销量。

"努力的人很多，不管是演艺还是其他行业，努力后没有得到相应回报的也是大有人在，所以从这一点讲，我是感恩的。"

在张卫健看来，身为艺人，保持自己的知名度才是最重要的。而保持知名度的节节攀升，最有效的还是作品。《日月神剑》《西游记》（TVB）《少年英雄方世玉》《小宝与康熙》……一系列的作品，令张卫健的演艺生涯如过山车般跌宕起伏，从峰顶到低谷，而后又反弹至上，戏剧性十足。"跑得不快时，没有人会对你报以嘘声，或者攻击你，因为别人对你无所期待。但是当你跑得很快，而自己又想停下来休息时，旁边的人会催着你往前跑。但是问题在于你不可能保持每一部作品都红啊！"他自嘲地笑，"就算是张艺谋，他拍出的每一部电影也不都是《红高粱》和《英雄》吧！"

而他现在的压力，更多的是来自于创作和观众的期待。稍有不慎，别人便会感叹：你不行了！不行了！近两年，他尝试着在心态上让自己放松。"演我的戏路的人，毕竟不是太多，我现在更多的是自己跟自己赛跑。只要我有好的剧本，好的创意，精彩的对白，我仍旧会释放爆发出来。所以我对自己仍旧充满信心。"

同是谐星，周星驰可以三年拍一部戏，张卫健摇头说自己做不到这一点。"戏还是要拍的，饭还是要吃的，这个很现实。我曾经创造过那么多代表作出来，表明我是有能力的，只要我不放弃自己，一定会有第六、第七、第八部代表作品出来。"

把朋友看成是有血缘关系的兄弟

他真实而率真的性格，跟他的演艺行业并无冲突。出道二十余载，他自己的这种性格亦无多大变化。红了以后，他照旧我行我素。他把朋友当成是有血缘关系的兄弟一样看待，任何一个兄弟有事，彼此都会跑出来帮忙。

他列举自己在娱乐圈好朋友的名字：许志安、苏永康、梁翰文、郑秀文、（谢）霆锋……"霆锋的年龄在我们的朋友圈子里，绝对是最小的一个了。但他的思想，有时候比我们更成熟。他十几岁的时候就已经很早熟，所以他跟我们玩在一起，我们也完全没有把他当成小孩子，完全没有。"他细细思忖，"在内地的话，韩红是和我们比较要好的。而在台湾，是林（志颖）。"

跟朋友在一起，最多的是去凑饭局，唱K，滑水，冲浪，打台球，还有买衣服。"当然买衣服呢，我没有试着跟韩红去过。"他呵呵笑，"跟苏永康去得比较多，他对时尚的东西很有研究，然后是许志安。"至于打台球，往往会选择梁翰文。

"我们这帮朋友的交往已经到了这个地步，就是你问我的片酬多少钱，我马上会告诉你。我问你唱一个演唱会酬金多少，你也会告诉我。我有重要的合约要谈或者签，都会跟彼此沟通：应不应该签，签多久。"凡此种种，都已经是高度的商业秘密，大家都会开诚布公地谈。

刚入行的时候，张卫健和许志安、苏永康同属一家唱片公司，张卫健形容自己那时是被安置在角落，全然无人理睬。而后者一出道公司即力捧。梅艳芳收许志安为徒，与梅艳芳合唱，苏永康也出了粤语唱片。"哇！那个时候，能与梅艳芳同台演出对我来说简直是遥不可及的梦！"

再后来，张卫健的影响力日盛一日，电影、唱片满地开花，而后者则开始式微。"但是我们朋友的关系一样，从来没变过。"再后来，张卫健在香港开始走下坡路，而许志安又再一次爆发，较此前来势更凶猛，一举夺得香港最受欢迎男歌手奖。苏永康出了《男人不该让女人流泪》的唱片时，张卫健已经开始红透内地。

名利对他们的友情丝毫没有侵蚀。"这样的朋友是很难得的，我们都把对方当成是有血缘关系的兄弟一样看待，任何一个兄弟有事，我们都会跑出来帮忙。"

面对娱乐圈的竞争，张卫健坦言："你不是要自己和别人之间筑起一道围墙，你不会击败他。不要想着如何去压低别人，否则，他的成就会很有限。"

关于年龄，是他讳莫如深的吗？他摇头。"你不会介意张曼玉今年多大，也不会在意刘德华的年龄是多少。"他笑，"刘德华的年龄不是比我还大吗？其实我是看成就，而不是看年龄。如果以年龄论人，那么梁朝伟不用拍戏了，李安也不用拍戏了。"

如何保持心态的年轻？"我喜欢自由，而不喜欢束缚。我不会因为有影迷在而不抽烟，也不会因为走在街上拿着烟不好看而不抽，如果狗仔队愿意拍，那就随他好了。喜欢看我的戏，不是因为我很帅，而是觉得我的戏好玩儿，看了过瘾。别人也不会因为我不抽烟而喜欢我，我不是卖外形，不是飞轮海，不是F4，只要我不是臭的男演员就OK了。"

张卫健真实而率真的性格，跟他的演艺行业并无冲突。出道二十余载，他自己的这种性格无多大变化。不红的时候，他不会出来应酬。那时有人好意劝慰他应该多去迪斯科舞厅，或者酒吧转转，有很多导演喜欢在那边出没，可以借此扩展人脉。他摇头："我最讨厌做这种事情。"他坚信有麝自然香，他的作品卖的是自己的内涵，而非浅薄。红了以后，他照旧我行我素。"既然是大牌，为什么不可以耍？"他开玩笑地说，"我不会因为别人的话而勉强自己，做自己不愿意做的事情。"

张 译
继续前行

"部队的生活给了我一种强烈的力量,这种力量既支撑着我,继续往前走下去;同时又紧紧往下拽着我,让我不至于会忘乎所以。这种力量让我继续前行,无论面临任何困难都不会停止。"

生活与戏剧

"生活本身就是戏剧。从专业的角度讲,我会把戏剧形容成是人生,但其实,每个人的生活都是一场戏剧。而有多少种生活,就有多少种戏剧。"

而生活的戏剧性开始,对于张译来说,是一张绿色待业证,上面写有"中华人民共和国待业青年证"的字样。18岁,他报考北京广播学院,结果是落榜,他播音主持的梦想破碎,内心的沮丧无可描述,"我觉得自己这辈子都完了",仿佛人生都走到了尽头。无奈之下进入了哈尔滨话剧团。然而,彼时,他对自己是万般不信赖,更试图与自己的命运反抗,对话剧同样是不屑。"我讨厌他们只会在舞台上演传统的戏,大喊大叫,缺少足够的文化和素养。"

改变来自于一次持续两天的戏剧观摩:《地质师》和《一人头上一方天》。看完两场演出,张译说自己哭得一塌糊涂,甚至震撼得直哆嗦。他突然有种醍醐灌顶的感觉,"为什么一台话剧可以达到这种效果?为什么一个演员可以通过他的肢体和声音,做到这一步?"

他对话剧的印象彻底改观。

热爱上话剧,并不意味着生活的改观。真正的人生低潮,还是在他当兵四年提干之后。拿着部队的微薄工资,生活负担却是相对重一些。跟不同的剧组联络费用、车马费,几乎令他入不敷出。

经济的窘困尚可以忍受和应对,难的是来自精神方面的压力。张译突然接到通知,不让他演舞台剧了,理由是形象欠佳,不适合做演员。甚至有两名首长轮番找他谈话,让他做秘书或者文书之类的工作,也有人建议他去写剧本。于是他的生活陷入两难境地:单位内演戏不被认可,单位外又无人问津,没有剧组找他。

命运有时是一种轮回。张译只有接受命运的安排,拿起笔来写电视剧和舞台剧剧本。虽然也被认可,但他心里却总有不甘心:难道我这一辈子注定就这样下去吗?

写作剧本,最辛苦的时候,每天只吃六块钱的拌饭,孰料耗费了半年的时间,最终却泡了汤,一分钱没有赚到。他再次感叹:"那段时间很难熬,想与命运抗争,却又抗争不过;想听从命运的指引,也是做不到。它给你指引了这条路,却又不给你这条路的活法。"

心里的迷茫,令他找不到生活的方向。

这种转机,直到《士兵突击》的出现。

希望与梦想

表情随和,淡然,讲话时甚至每一个字的发音都字正腔圆,令人备感舒服熨帖。张译的整个人是安静的,偌大的拍摄现场,人声喧哗,不时有高跟鞋踩在光亮的水泥地面上,发出尖锐的声响,他却置若罔闻,依旧神色从容。同张译聊天,再浮躁的心都似乎会很快安静下来。

《士兵突击》之后,张译又在忙于下一部军事题材的戏,屡屡结缘军事题材戏,他自言也许与自己当兵的10年经历有关。

很久没有拍戏,因为《士兵突击》一下子被人关注,问他是不是感觉到了自己的成名,张译赶紧摇头解释:"所谓成名不是我追求的方向,我也不希望自己一下子到达某种高度,那种东西,太瞬间了,来得快,去得也快,我更希望自己像一瓶陈年佳酿,可以慢慢地发酵,慢慢地沉淀。"

能有机会细水长流地做自己喜欢做的事情,于他而言,已经是一种幸运。

他感叹:"我把这个行业的人分成几种类型:一种是明星式的,外形出众,又有演戏的天赋,负责娱乐大众,甚至是引导某种潮流和趋势,一直处在被人关注的风口浪尖上;另一种演员是可能一辈子都会默默无闻,不被人熟知,但他享受这种创作的过程;还有一种是纯粹为了养家糊口,他们管这种生活叫作'混',就是混日子。"他身子往后一仰，换了个舒服的姿势，微笑道，"我可能还处于二三者之间。所以我做不了偶像，也不会去引领潮流。"

我突然注意到，在讲话时，他的眼睛一直注视着别处。"我经常这样，讲话时看别人的眼睛，我就没话讲了，特别自卑。"

拍摄在天安门哭的那场戏，令张译印象深刻。这缘于他当时的心境：戏要杀青，大部分演员已经离开了剧组；而他的转业申请报告已经被同意，从此要脱下穿了整整10年的战衣。内心充满无尽惆怅。

"我当时是为了追求生活上的自由和事业上的自由才脱掉军装的。"当昔日战友们已经轻松拿到了每月数千元的工资，张译还在一无所有地坚守自己的方向。"每个人心里都有一朵小花。"这是《士兵突击》中张译扮演的史今的一句台词。这个"小花"，张译说，就是一个梦想，一种希望。

"我始终不满足于一种表演模式的桎梏，我希望可以接触到不同的表演方式。"最重要的，在他看来，人不能活在已知数里，他不能容忍自己未来的那种状态：六十几岁退休，拄着拐杖，徜徉在部队大院，拿着老干部的证书去医院买药……

脱下军装，度过一段难熬的时光。没有了工资，生活没有了来源，他的心里难免失落甚至恐慌。但他坚定着自己要做一名演员的梦想。

部队生活

当我称赞他今天衣服穿得靓，他却不以为然，"人靠衣装，我穿了10年军装，已经不太会穿便装。"张译如是笑言。委实，部队的生活给张译留下了太多的烙印：在漆黑的凉风里喊号子跑操，3公里越野，在晨光熹微的霞光里打军体拳，晚上再来5公里的越野拉练。被子要叠成豆腐块，打扫卫生，一尘不染等。

"在那种状态下，心态一直谨小慎微。"而作为部队的文艺兵，张译他们在为部队演出时尚需要自己像工人一样辛苦地安装搭建舞台：灯光、音响、走线；及至在舞台上演出时，张译则又变成了演员，在舞台上尽情释放着情感。演出后的鲜花与掌声，战士们要求同他合影拍照甚至索要签名，则令他更感受到了另外一种幸福。

"一天里面要过三种人生：刻板的军人、辛苦的工人和短暂而光鲜的演员。"他嘴角露出一丝苦笑，"每天都是一种命运的轮回。"

回忆起那段在部队的日子，张译说，最幸福的，莫过于回到宿舍后，偷偷从挎包里拿出从演出现场顺手牵走的一听可乐。"开可乐的时候，一定要躲在被窝里，否则巨大的声响会引来队长。"他强调，"即便喷射出的泡沫打湿了被子，也没关系。"

晚上不能吃东西，而一个战友在被窝里吃泡面，正赶上查房。他不由分说，就把滚烫的泡面一股脑儿藏进了被窝里，还要装出一副睡得香甜的样子。查房结束，那位战友疼得一下从被窝里跳出来，后背已经被烫破了。

部队生活单调、刻板，但张译同样也承认："部队的生活给了我一种强烈的力量，这种力量既支撑着我，继续往前走下去；同时又紧紧往下拽着我，让我不至于会忘乎所以。这种力量让我继续前行，无论面临任何困难都不会停止。"

猫与女人

生活之余的张译，酷爱养猫。

虽然只是两只猫，却被他冠以种种称呼：果果、果子、果不其然、袋子、布袋、布小袋、布拉吉，甚至果大爪子和布小脑袋，极尽疼爱之意。

"猫像女人，"谈起猫，张译变得神采飞扬，"跟女人太像了。像果果，只喜欢女人用的东西：眼影、口红、头绳、颜色鲜艳的衣服……而布袋，最大的乐趣就是把房间弄得一塌糊涂，推着矿泉水瓶子满地爬，把钱叼到床上，所以早晨起来第一件事，我是先把钱再放回原处……"

他继续历数猫的习性：温柔，并且对人的依赖，偶尔会有小暴力，发嗲，嘴馋，喜欢干净，每天会给自己洗澡。"在我看来，只有女人和猫才会称得上'精灵'二字。"

我称赞他有出色而生动的表达能力，他嘿嘿一笑："我是一个懒于阅读的人，但在部队时惯于'偷书'……""偷书不叫偷，叫'窃'！"我友善地提醒。于是他也就顺势"窃"下去，"我只看剧本，它完全迥异于小说。那几年，我差不多看了有两三千个剧本，从中获得极大乐趣。于是加大了'窃书'的力度，图书馆年久失修，也无人管理，就由我来保管好了……"他难得地呵呵笑。

"剧本真的好看，薄薄的十几页纸，却浓缩了漫长的故事和人生。"